Matematika biderkaketa erraza

Nire lehen ikasketa matemati-kako liburua

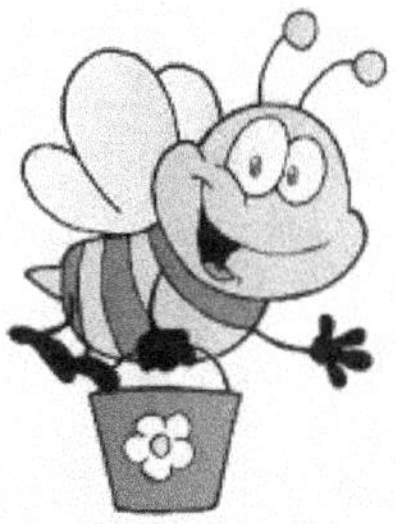

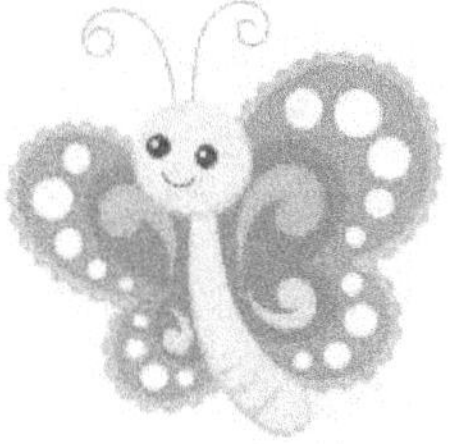

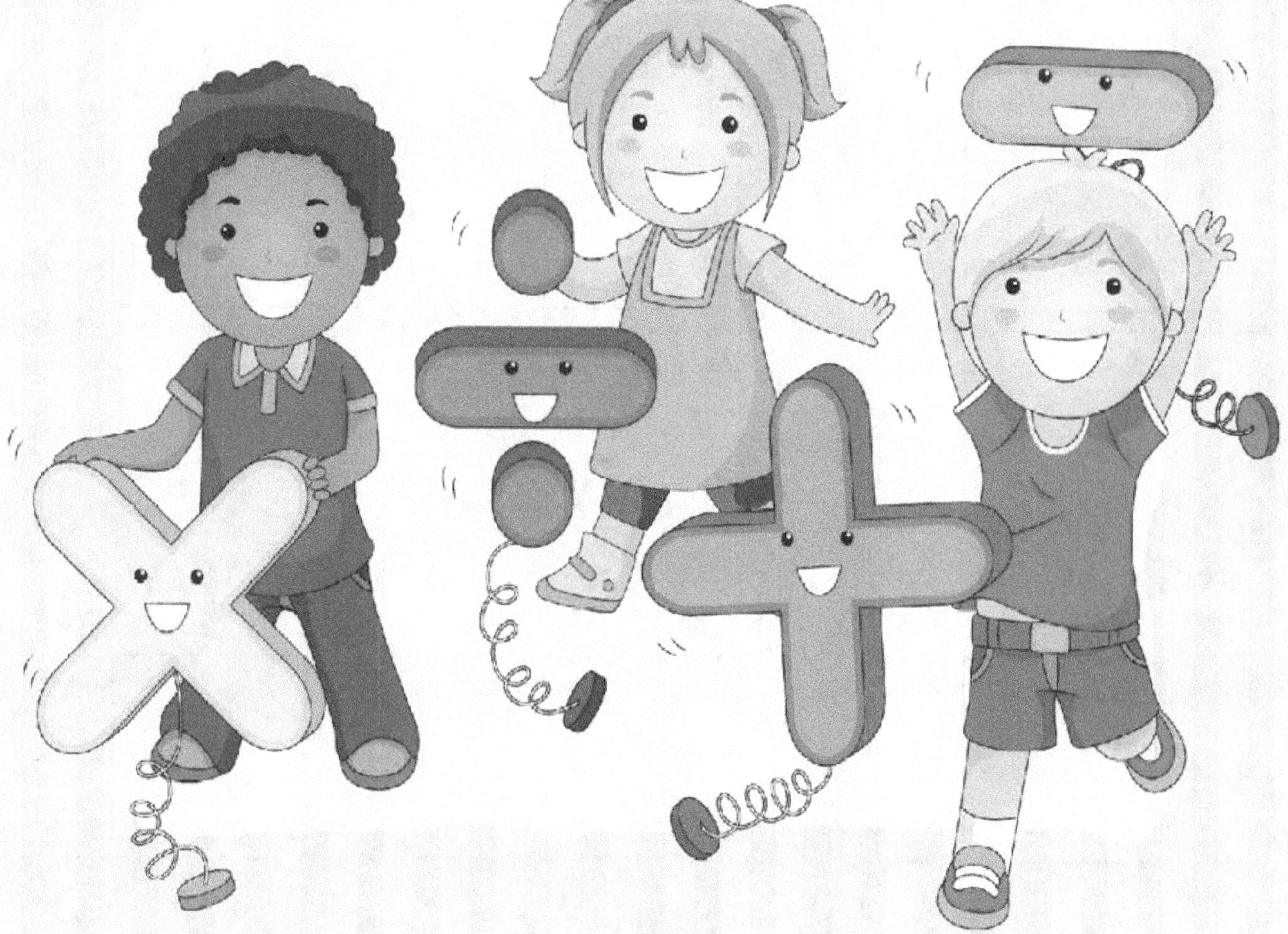

Multiplication Worksheets

11 × 11	12 × 3	10 × 9
12 × 7	1 × 0	9 × 10
7 × 10	8 × 11	0 × 10

Math Made Easy....

Direction: Finding the product of multiplication problems

[ ] × [4] = __

[4] × [2] = __

[1] × [2] = __

[3] × [3] = __

[6] × [3] = __

[5] × [2] = __

[5] × [3] = __

[5] × [6] = __

[4] × [2] = __

[3] × [4] = __

[2] × [6] = __

[ ] × [5] = __

Direction: Fill in the product.

8 x 4 = ☐   9 x 7 = ☐

7 x 11 = ☐   0 x 2 = ☐

3 x 5 = ☐   8 x 12 = ☐

7 x 3 = ☐   8 x 9 = ☐

9 x 1 = ☐   2 x 3 = ☐

2 x 1 = ☐   11 x 4 = ☐

Name : _______________________

Direction: Color the multiplication facts that match the answer.

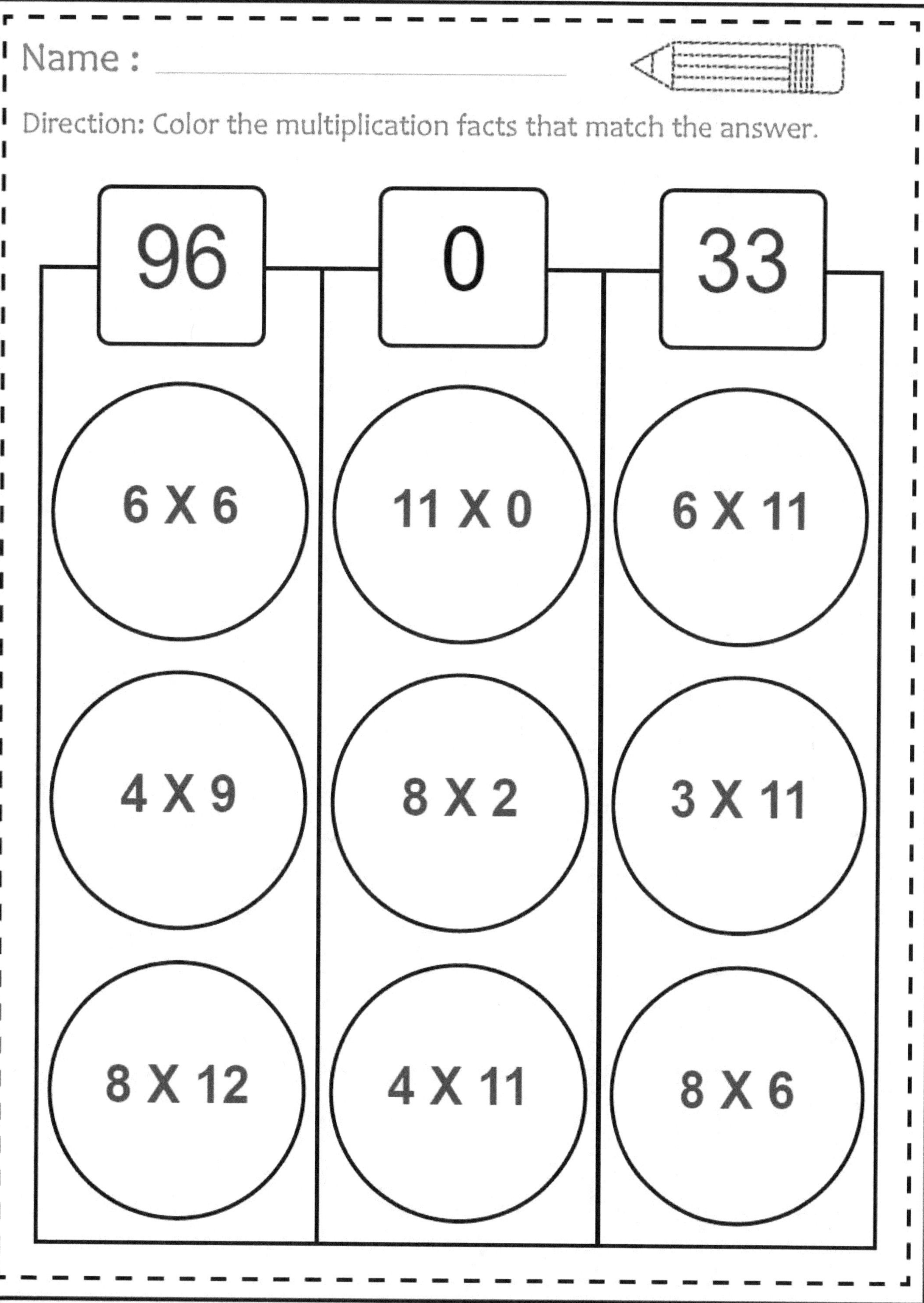

Name : _______________

Multiplication Worksheets

	11		0		7
X	1	X	3	X	8

	0		5		8
X	12	X	9	X	8

	12		2		10
X	9	X	10	X	5

Math Made Easy....

Name : _______________________________

Direction: Finding the product of multiplication problems

5 × ☐ =   5 × 1 =

4 × 6 =   4 × 1 =

5 × 1 =   2 × ☐ =

5 × 5 =   6 × 2 =

2 × 1 =   4 × 3 =

1 × 5 =   5 × 4 =

Direction: Fill in the product.

$0 \times 3 = \boxed{}$ $0 \times 0 = \boxed{}$

$1 \times 7 = \boxed{}$ $11 \times 12 = \boxed{}$

$5 \times 3 = \boxed{}$ $8 \times 12 = \boxed{}$

$4 \times 1 = \boxed{}$ $11 \times 4 = \boxed{}$

$5 \times 10 = \boxed{}$ $2 \times 12 = \boxed{}$

$1 \times 0 = \boxed{}$ $1 \times 1 = \boxed{}$

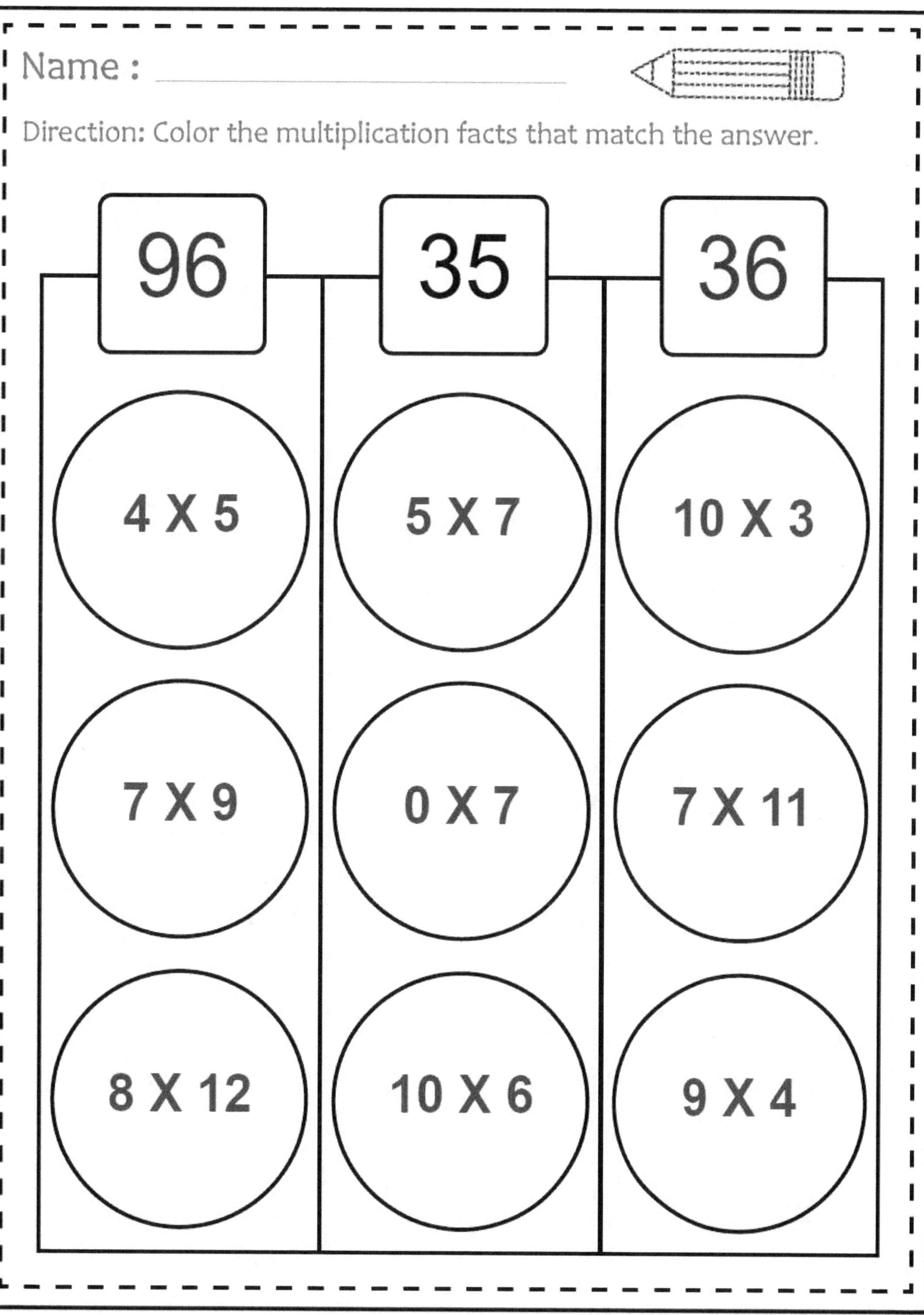

Name :

Direction: Color the multiplication facts that match the answer.

96

35

36

4 X 5

5 X 7

10 X 3

7 X 9

0 X 7

7 X 11

8 X 12

10 X 6

9 X 4

Name : _______________

Multiplication Worksheets

3	
X 9	

2	
X 3	

4	
X 3	

6	
X 6	

2	
X 2	

0	
X 1	

11	
X 9	

0	
X 12	

3	
X 0	

Math Made Easy....

Name : _______________________

Direction: Finding the product of multiplication problems

Direction: Fill in the product.

$0 \times 9 = \boxed{}$ $8 \times 5 = \boxed{}$

$7 \times 10 = \boxed{}$ $2 \times 7 = \boxed{}$

$0 \times 9 = \boxed{}$ $0 \times 11 = \boxed{}$

$2 \times 9 = \boxed{}$ $10 \times 4 = \boxed{}$

$4 \times 0 = \boxed{}$ $7 \times 4 = \boxed{}$

$6 \times 3 = \boxed{}$ $10 \times 7 = \boxed{}$

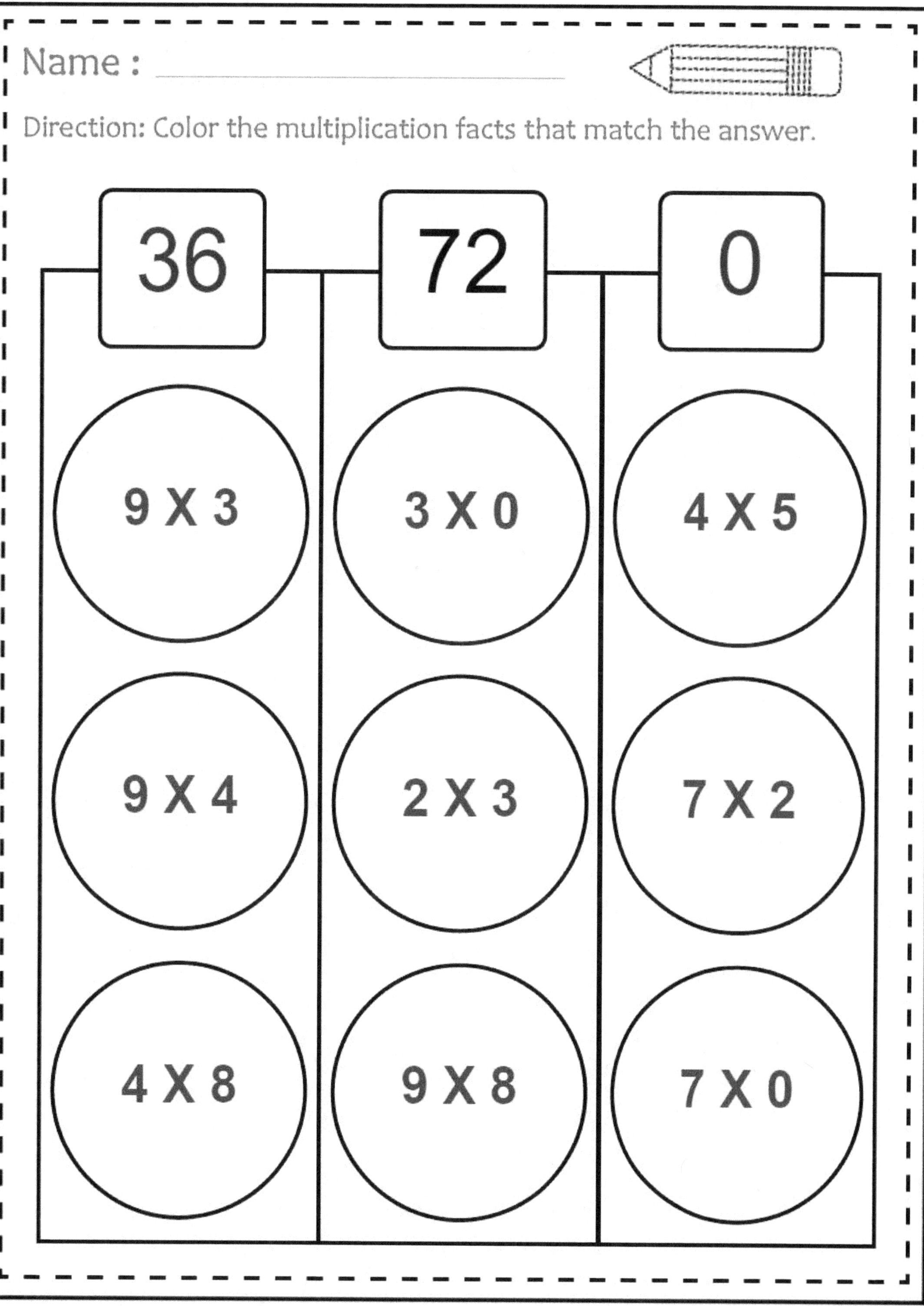

Name :
Direction: Color the multiplication facts that match the answer.
36
72
0
9 X 3
3 X 0
4 X 5
9 X 4
2 X 3
7 X 2
4 X 8
9 X 8
7 X 0

Name : _______________

Multiplication Worksheets

	1
X	11

	4
X	3

	6
X	4

	4
X	4

	0
X	6

	9
X	5

	10
X	8

	12
X	9

	5
X	1

Math Made Easy....

Name : _______________________________

Direction: Finding the product of multiplication problems

Name : _______________________

Direction: Fill in the product.

3 x 4 = ☐   0 x 10 = ☐

9 x 3 = ☐   2 x 6 = ☐

4 x 10 = ☐   11 x 12 = ☐

5 x 10 = ☐   9 x 3 = ☐

3 x 4 = ☐   9 x 12 = ☐

4 x 10 = ☐   0 x 7 = ☐

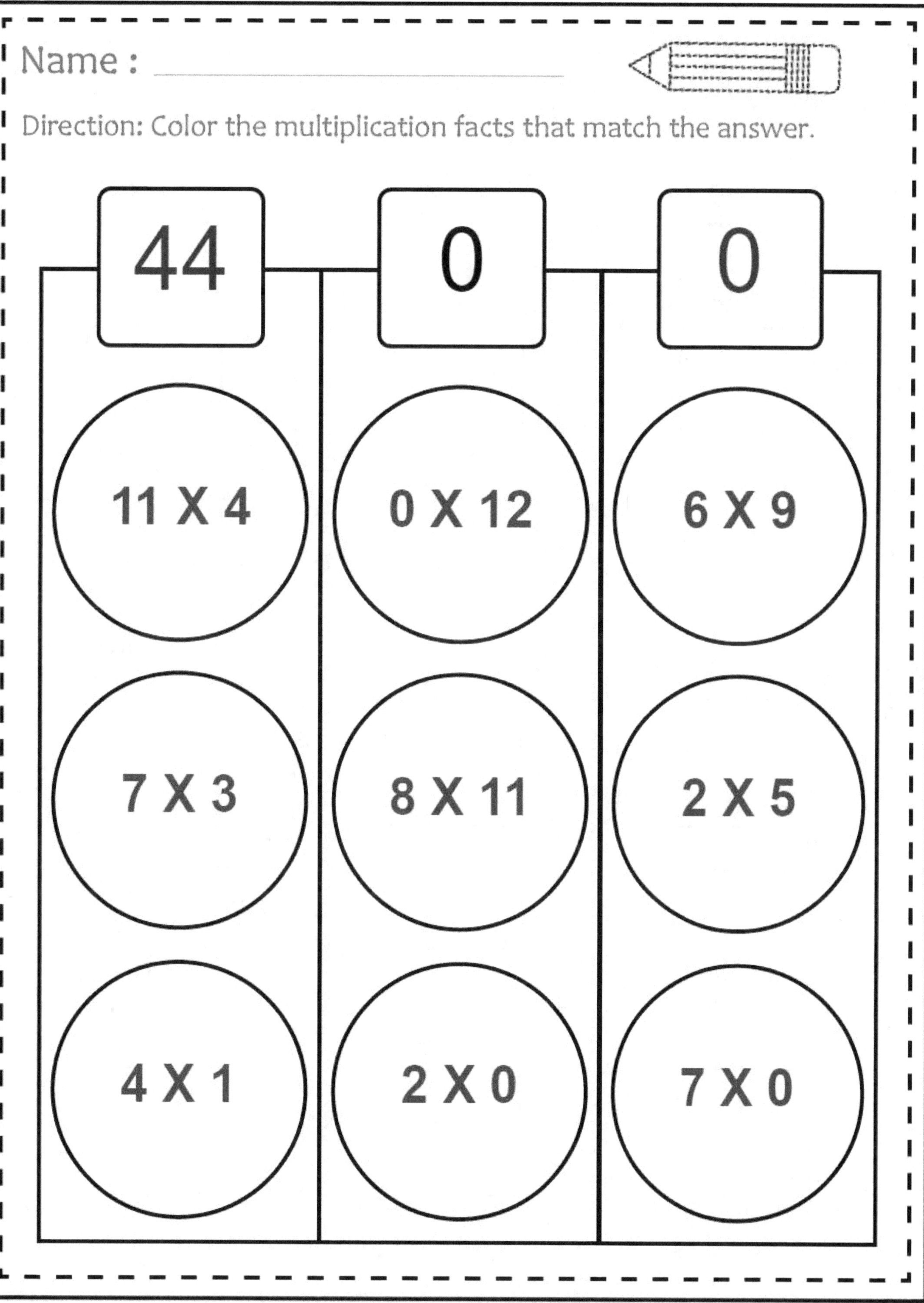

Name :
Direction: Color the multiplication facts that match the answer.
44
0
0
11 X 4
0 X 12
6 X 9
7 X 3
8 X 11
2 X 5
4 X 1
2 X 0
7 X 0

Multiplication Worksheets

2 X 10	8 X 4	8 X 0
2 X 4	0 X 2	5 X 5
6 X 10	5 X 8	11 X 9

Name : ___________________________

Direction: Finding the product of multiplication problems

Direction: Fill in the product.

2 x 0 = ☐   9 x 1 = ☐

6 x 3 = ☐   2 x 9 = ☐

12 x 0 = ☐   2 x 0 = ☐

9 x 0 = ☐   6 x 0 = ☐

1 x 11 = ☐   0 x 4 = ☐

8 x 5 = ☐   11 x 12 = ☐

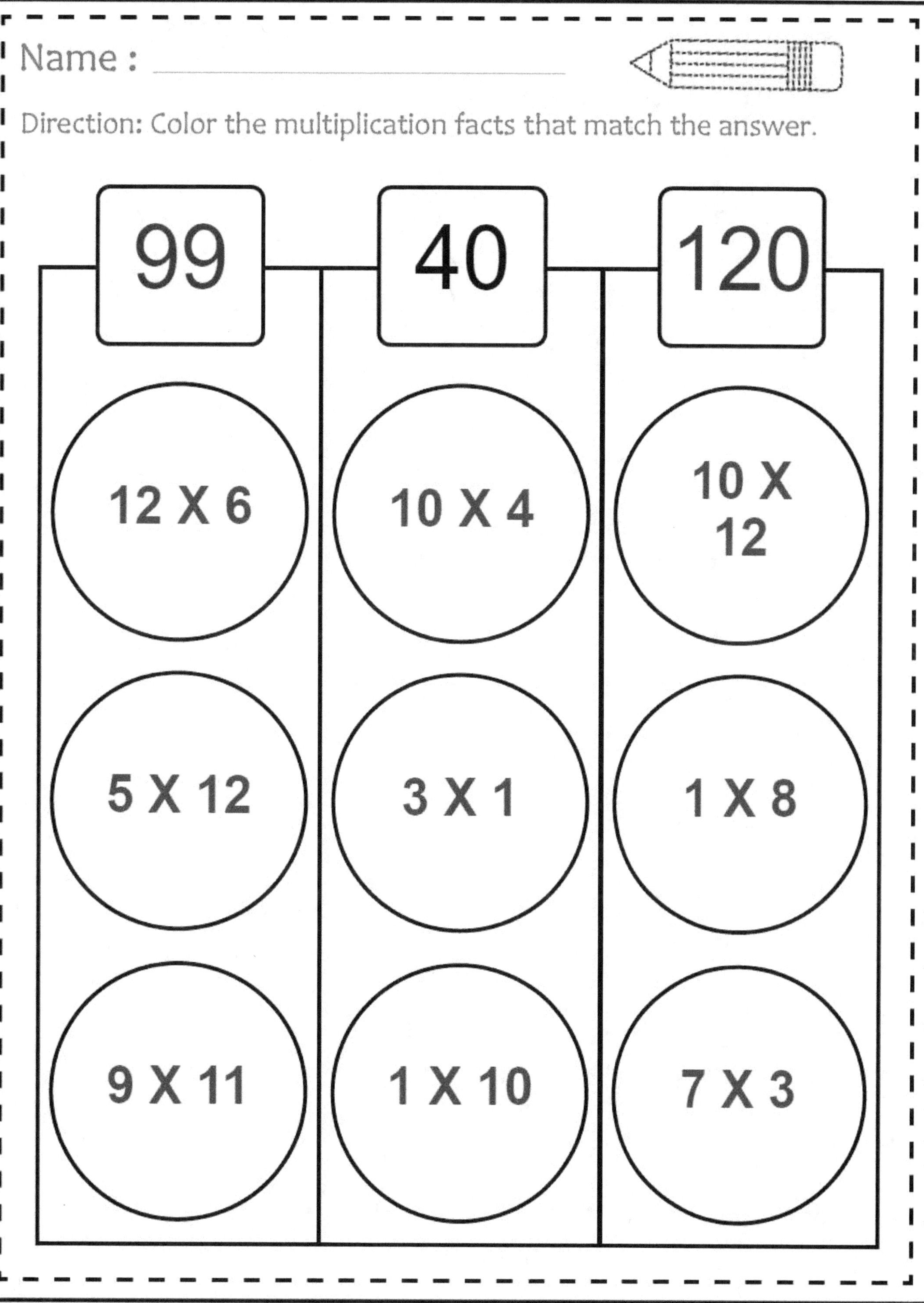

Name :
Direction: Color the multiplication facts that match the answer.
99
40
120
12 X 6
10 X 4
10 X 12
5 X 12
3 X 1
1 X 8
9 X 11
1 X 10
7 X 3

Multiplication Worksheets

4 X 7	8 X 11	4 X 5
4 X 1	1 X 11	7 X 8
1 X 12	2 X 0	0 X 3

Math Made Easy....

Name : _______________________

Direction: Finding the product of multiplication problems

Name : _______________________

Direction: Fill in the product.

7 × 8 = ☐   11 × 7 = ☐

5 × 11 = ☐   11 × 1 = ☐

6 × 10 = ☐   5 × 0 = ☐

11 × 2 = ☐   5 × 5 = ☐

8 × 10 = ☐   4 × 12 = ☐

3 × 10 = ☐   12 × 1 = ☐

Name :
Direction: Color the multiplication facts that match the answer.
10
12
36
3 X 5
1 X 12
6 X 6
1 X 3
6 X 12
12 X 9
10 X 1
0 X 11
2 X 7

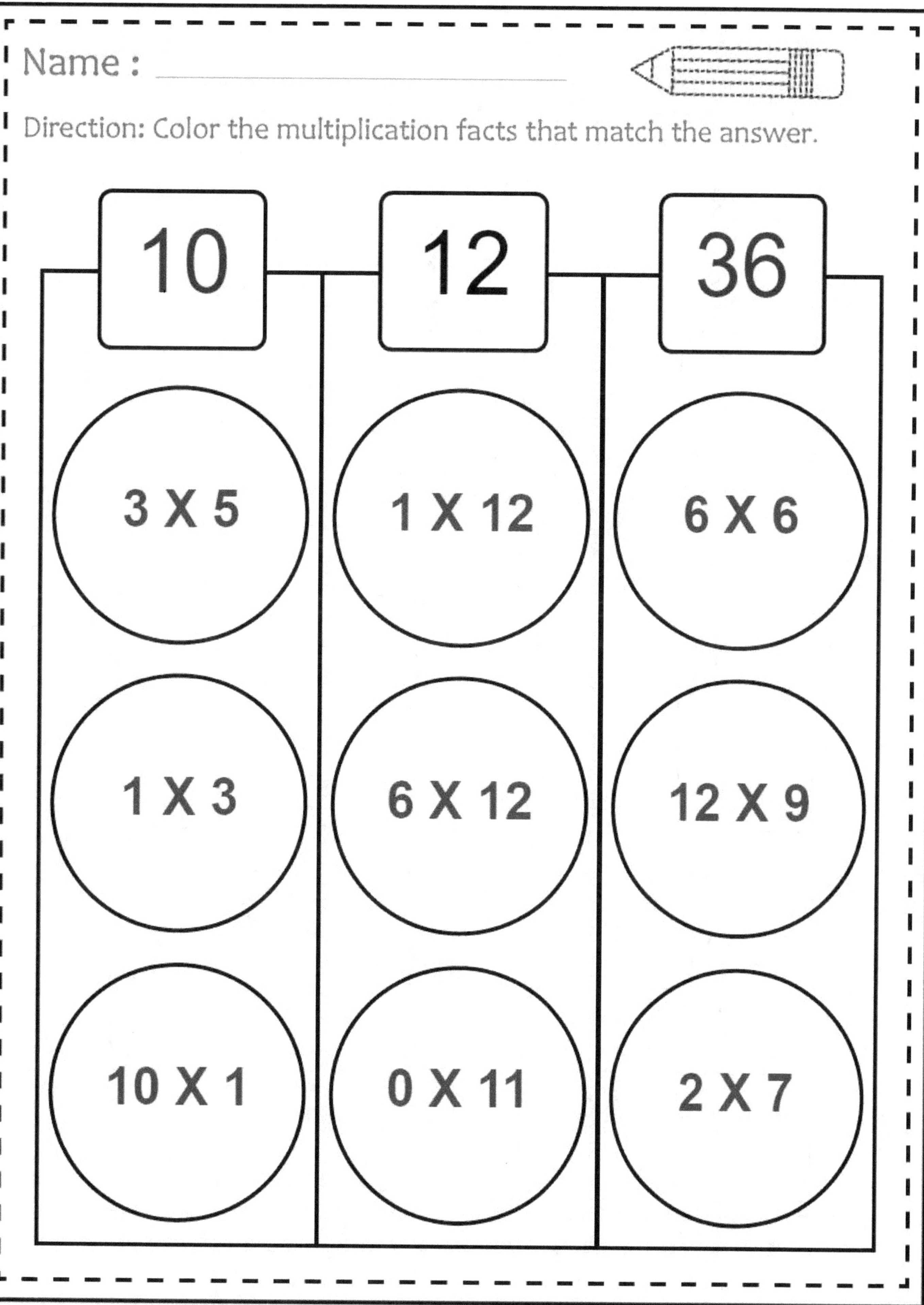

Name : ___________

Multiplication Worksheets

8 x 5	7 x 5	12 x 2
2 x 11	8 x 11	4 x 2
3 x 7	12 x 2	12 x 8

Math Made Easy....

Name : ___________________________

Direction: Finding the product of multiplication problems

Name : _________________________

Direction: Fill in the product.

3 x 10 = ☐   0 x 3 = ☐

2 x 11 = ☐   10 x 9 = ☐

2 x 8 = ☐   10 x 1 = ☐

8 x 5 = ☐   3 x 11 = ☐

10 x 5 = ☐   2 x 0 = ☐

3 x 3 = ☐   11 x 7 = ☐

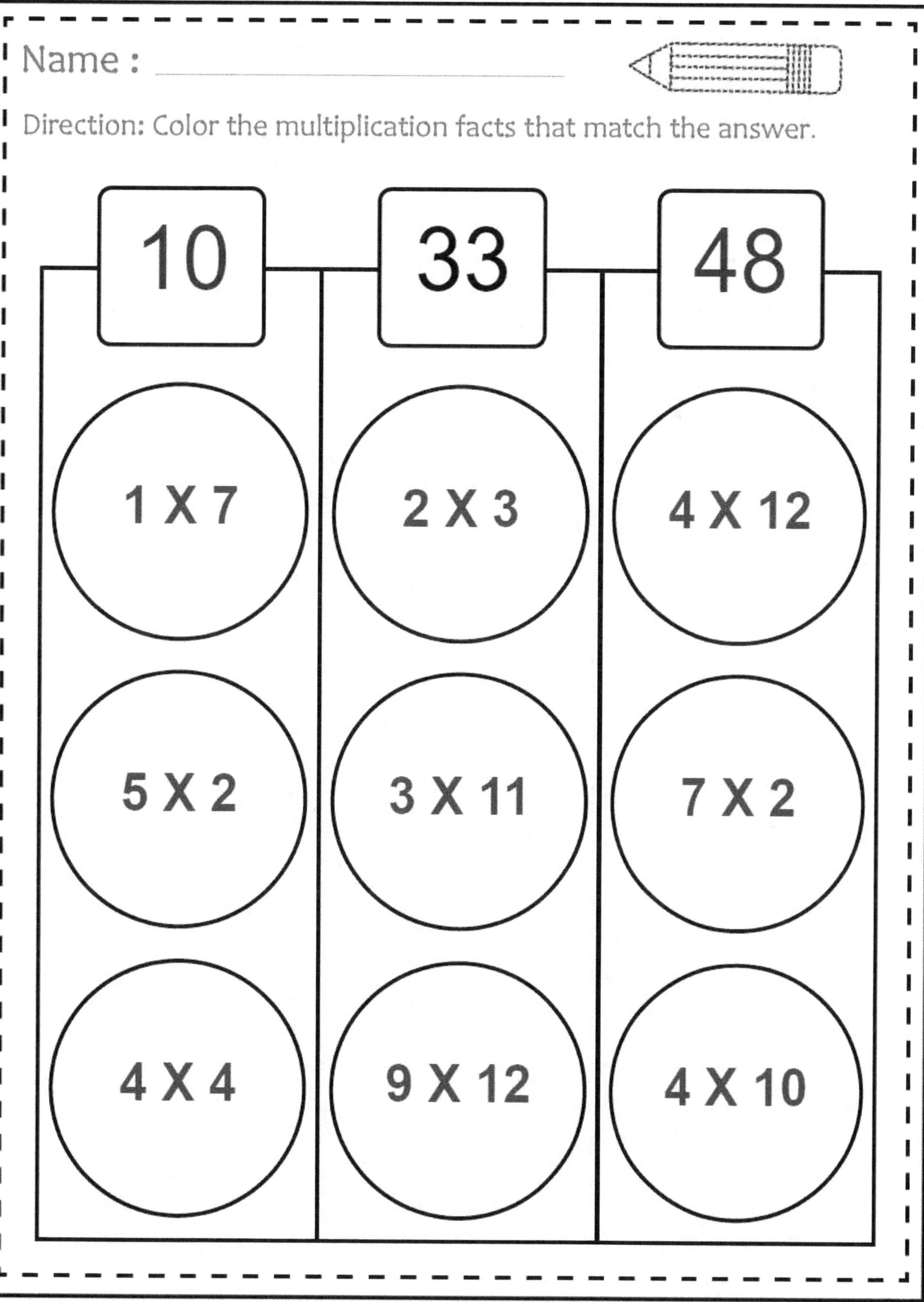
Name :
Direction: Color the multiplication facts that match the answer.
10
33
48
1 X 7
2 X 3
4 X 12
5 X 2
3 X 11
7 X 2
4 X 4
9 X 12
4 X 10

Multiplication Worksheets

2 x 7	1 x 4	9 x 11
4 x 0	3 x 5	4 x 2
7 x 0	8 x 4	12 x 0

1 × 5 =   4 × 6 =

4 × 5 =   6 × 1 =

1 × 5 =   2 × □ =

3 × 6 =   6 × 5 =

3 × 3 =   6 × 5 =

5 × 1 =   6 × 1 =

Direction: Fill in the product.

2 X 0 = ☐   2 X 2 = ☐

2 X 11 = ☐   12 X 11 = ☐

0 X 1 = ☐   4 X 9 = ☐

11 X 6 = ☐   5 X 8 = ☐

0 X 11 = ☐   10 X 5 = ☐

5 X 10 = ☐   10 X 5 = ☐

Name :
Direction: Color the multiplication facts that match the answer.
25
35
80
0 X 4
5 X 5
3 X 2
5 X 5
5 X 7
5 X 3
5 X 1
6 X 10
8 X 10

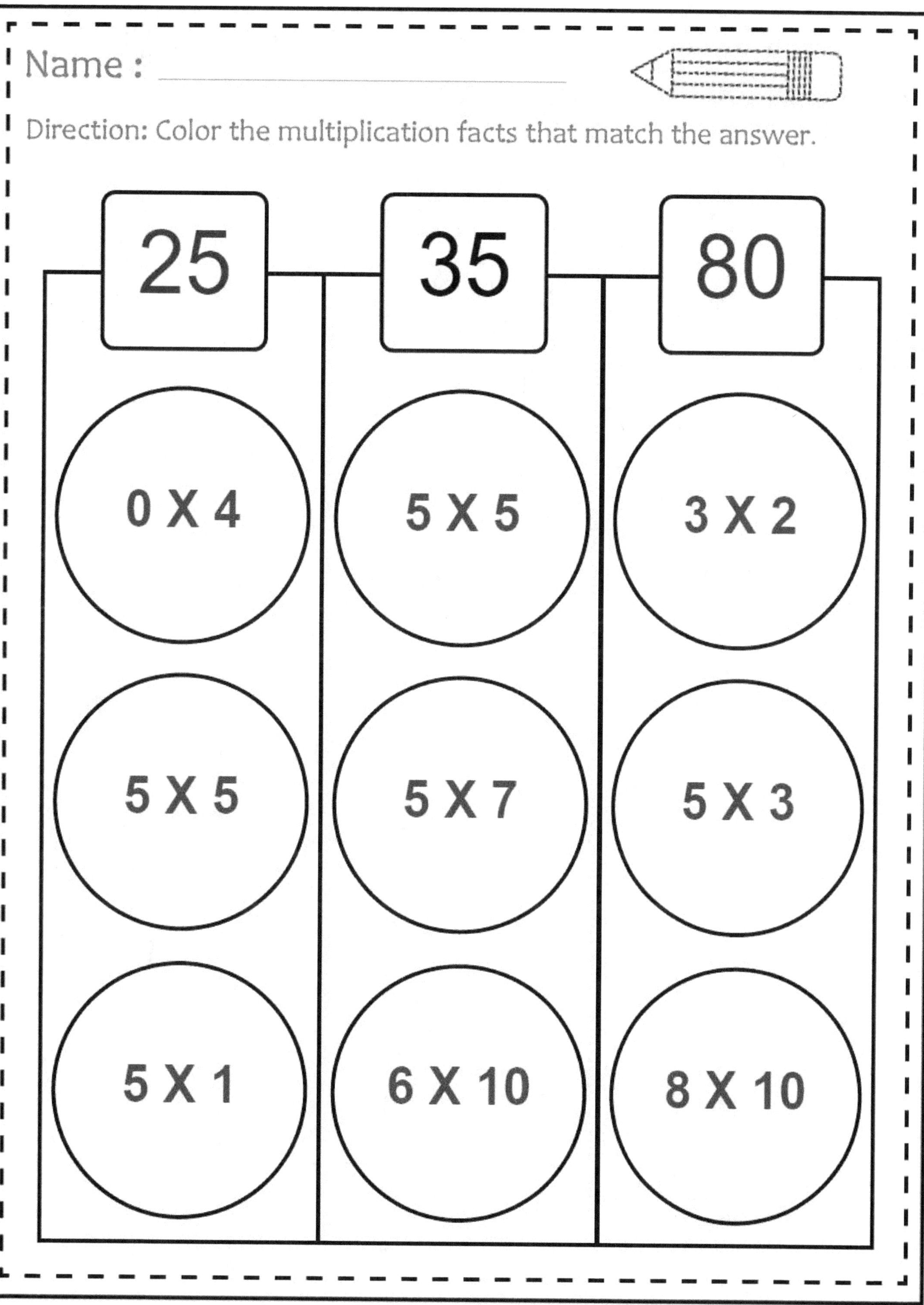

Name : ___________

Multiplication Worksheets

8	
x 4	

12	
x 8	

9	
x 3	

12	
x 6	

9	
x 10	

7	
x 5	

3	
x 1	

2	
x 4	

11	
x 8	

Math Made Easy....

Direction: Finding the product of multiplication problems

Direction: Fill in the product.

8 x 10 = [ ]   12 x 7 = [ ]

1 x 8 = [ ]   11 x 9 = [ ]

7 x 6 = [ ]   10 x 12 = [ ]

8 x 8 = [ ]   8 x 7 = [ ]

6 x 6 = [ ]   0 x 12 = [ ]

3 x 9 = [ ]   10 x 5 = [ ]

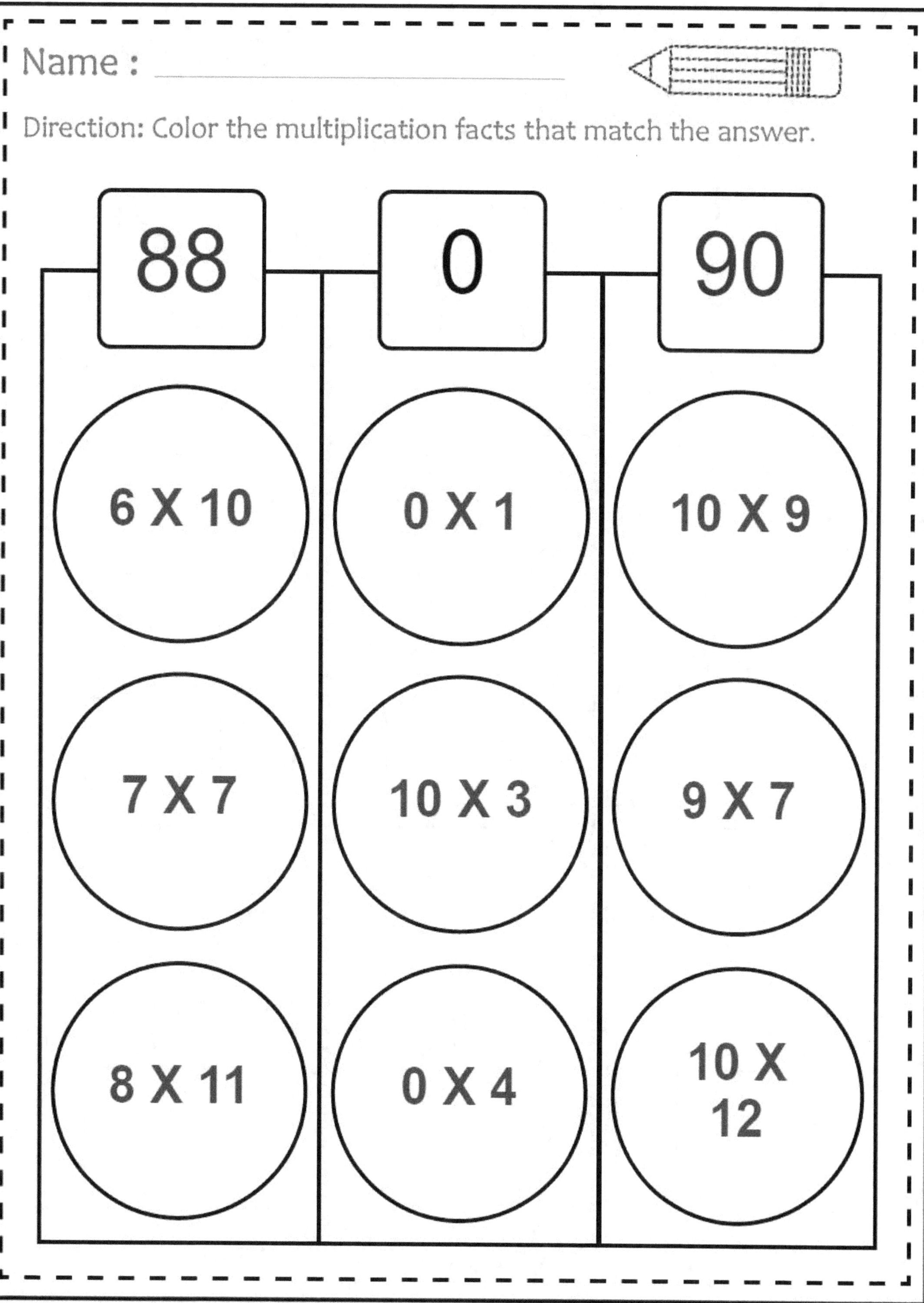

Name :
Direction: Color the multiplication facts that match the answer.

88   0   90

6 X 10
0 X 1
10 X 9

7 X 7
10 X 3
9 X 7

8 X 11
0 X 4
10 X 12

Multiplication Worksheets

$$\begin{array}{r} 1 \\ \times\ 10 \\ \hline \end{array}$$

$$\begin{array}{r} 6 \\ \times\ 10 \\ \hline \end{array}$$

$$\begin{array}{r} 4 \\ \times\ 11 \\ \hline \end{array}$$

$$\begin{array}{r} 5 \\ \times\ 10 \\ \hline \end{array}$$

$$\begin{array}{r} 3 \\ \times\ 5 \\ \hline \end{array}$$

$$\begin{array}{r} 5 \\ \times\ 1 \\ \hline \end{array}$$

$$\begin{array}{r} 5 \\ \times\ 3 \\ \hline \end{array}$$

$$\begin{array}{r} 6 \\ \times\ 10 \\ \hline \end{array}$$

$$\begin{array}{r} 1 \\ \times\ 10 \\ \hline \end{array}$$

Name : ________________________

Direction: Finding the product of multiplication problems

Name : ___________________________

Direction: Fill in the product.

9 x 3 = ☐   1 x 8 = ☐

3 x 8 = ☐   1 x 1 = ☐

0 x 2 = ☐   11 x 4 = ☐

7 x 10 = ☐   10 x 0 = ☐

3 x 0 = ☐   4 x 5 = ☐

3 x 0 = ☐   11 x 5 = ☐

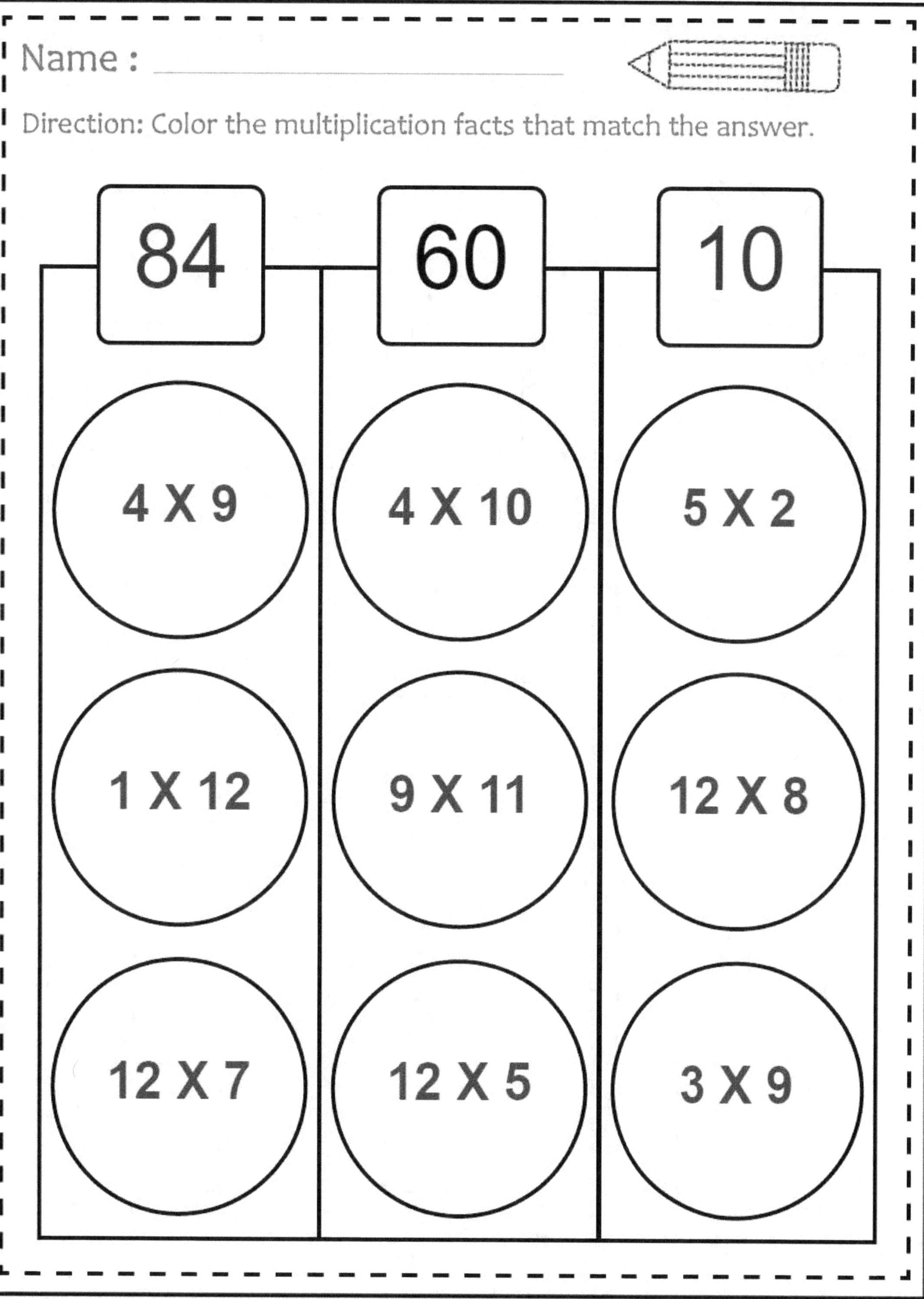

Name :
Direction: Color the multiplication facts that match the answer.
84
60
10
4 X 9
4 X 10
5 X 2
1 X 12
9 X 11
12 X 8
12 X 7
12 X 5
3 X 9

Name : _______________

Multiplication Worksheets

12	8	11
x 3	x 7	x 0

8	3	9
x 12	x 12	x 2

12	12	8
x 4	x 5	x 6

Math Made Easy....

Name : _______________________

Direction: Finding the product of multiplication problems

Name : ______________________ 

Direction: Fill in the product.

5 x 11 = [ ]   6 x 2 = [ ]

10 x 7 = [ ]   6 x 10 = [ ]

7 x 0 = [ ]   9 x 10 = [ ]

12 x 6 = [ ]   6 x 6 = [ ]

8 x 5 = [ ]   4 x 11 = [ ]

5 x 2 = [ ]   5 x 9 = [ ]

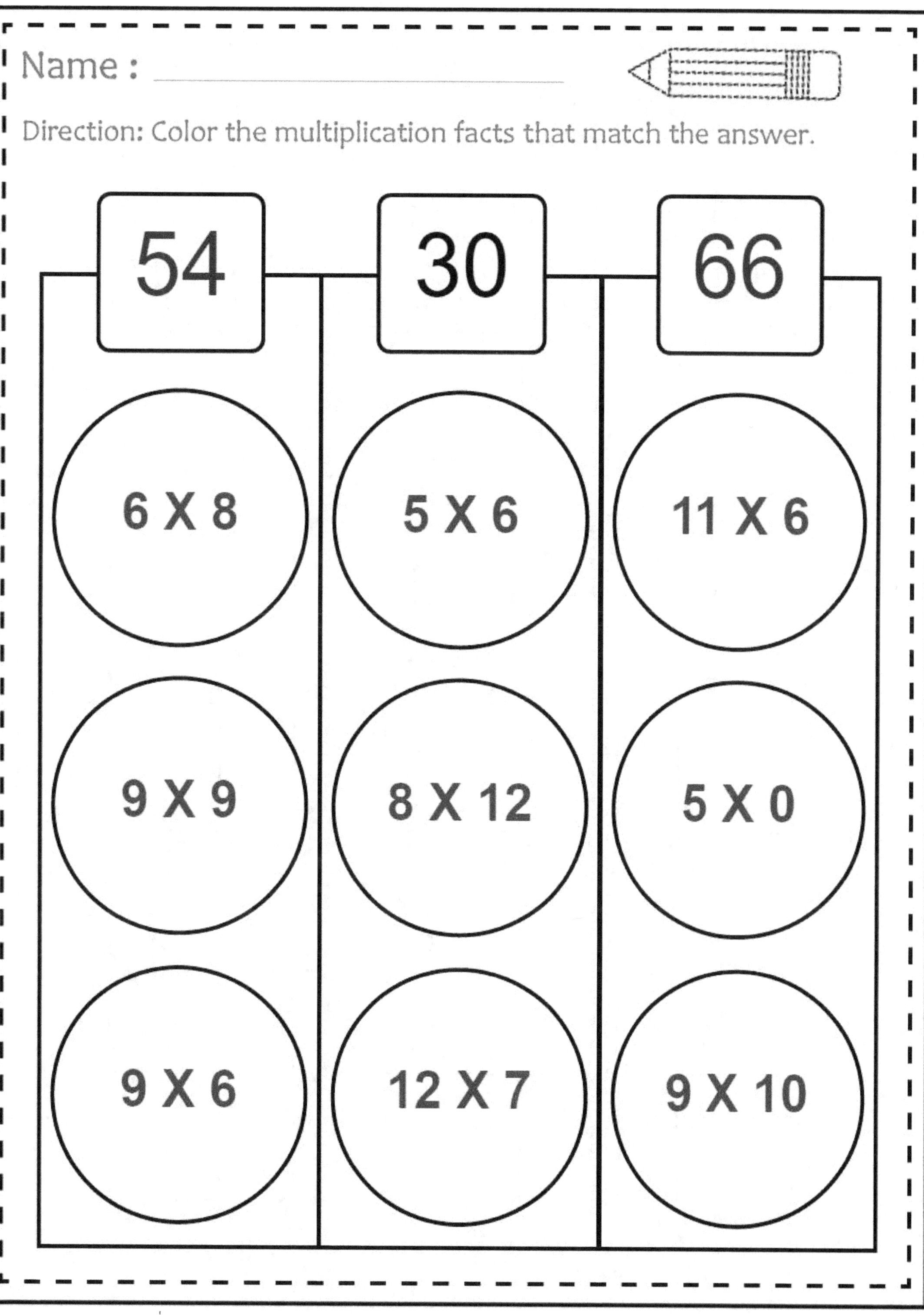

Name :
Direction: Color the multiplication facts that match the answer.
54
30
66
6 X 8
5 X 6
11 X 6
9 X 9
8 X 12
5 X 0
9 X 6
12 X 7
9 X 10

Multiplication Worksheets

4 × 11	10 × 2	6 × 12
1 × 9	6 × 0	5 × 10
7 × 5	2 × 2	12 × 9

Name : _______________________

Direction: Finding the product of multiplication problems

Name : _______________________

Direction: Fill in the product.

6 x 7 = [ ] 10 x 10 = [ ]

8 x 2 = [ ] 11 x 7 = [ ]

7 x 3 = [ ] 9 x 7 = [ ]

4 x 5 = [ ] 4 x 8 = [ ]

4 x 7 = [ ] 5 x 11 = [ ]

8 x 12 = [ ] 9 x 12 = [ ]

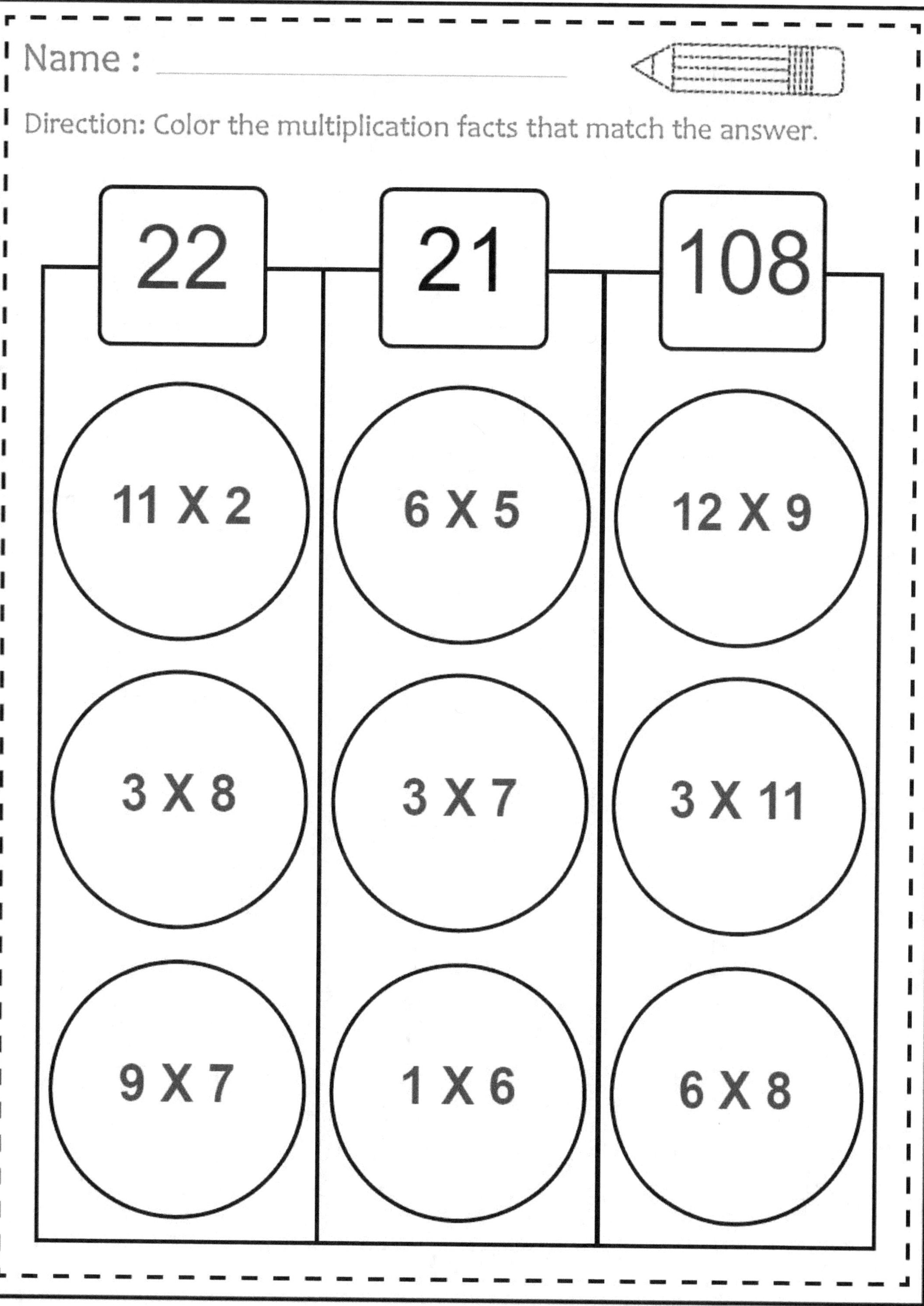

Name :
Direction: Color the multiplication facts that match the answer.
22
21
108
11 X 2
6 X 5
12 X 9
3 X 8
3 X 7
3 X 11
9 X 7
1 X 6
6 X 8

Multiplication Worksheets

5 X 1	6 X 3	1 X 8
8 X 7	12 X 6	1 X 3
1 X 5	1 X 8	9 X 9

Direction: Finding the product of multiplication problems

Name : _______________________

Direction: Fill in the product.

0 × 6 = [ ]   7 × 8 = [ ]

0 × 11 = [ ]   6 × 10 = [ ]

6 × 0 = [ ]   6 × 12 = [ ]

6 × 1 = [ ]   8 × 6 = [ ]

9 × 9 = [ ]   9 × 1 = [ ]

6 × 5 = [ ]   1 × 4 = [ ]

Name :
Direction: Color the multiplication facts that match the answer.
10
12
84
7 X 8
4 X 3
4 X 5
5 X 2
6 X 7
0 X 7
8 X 11
12 X 10
12 X 7

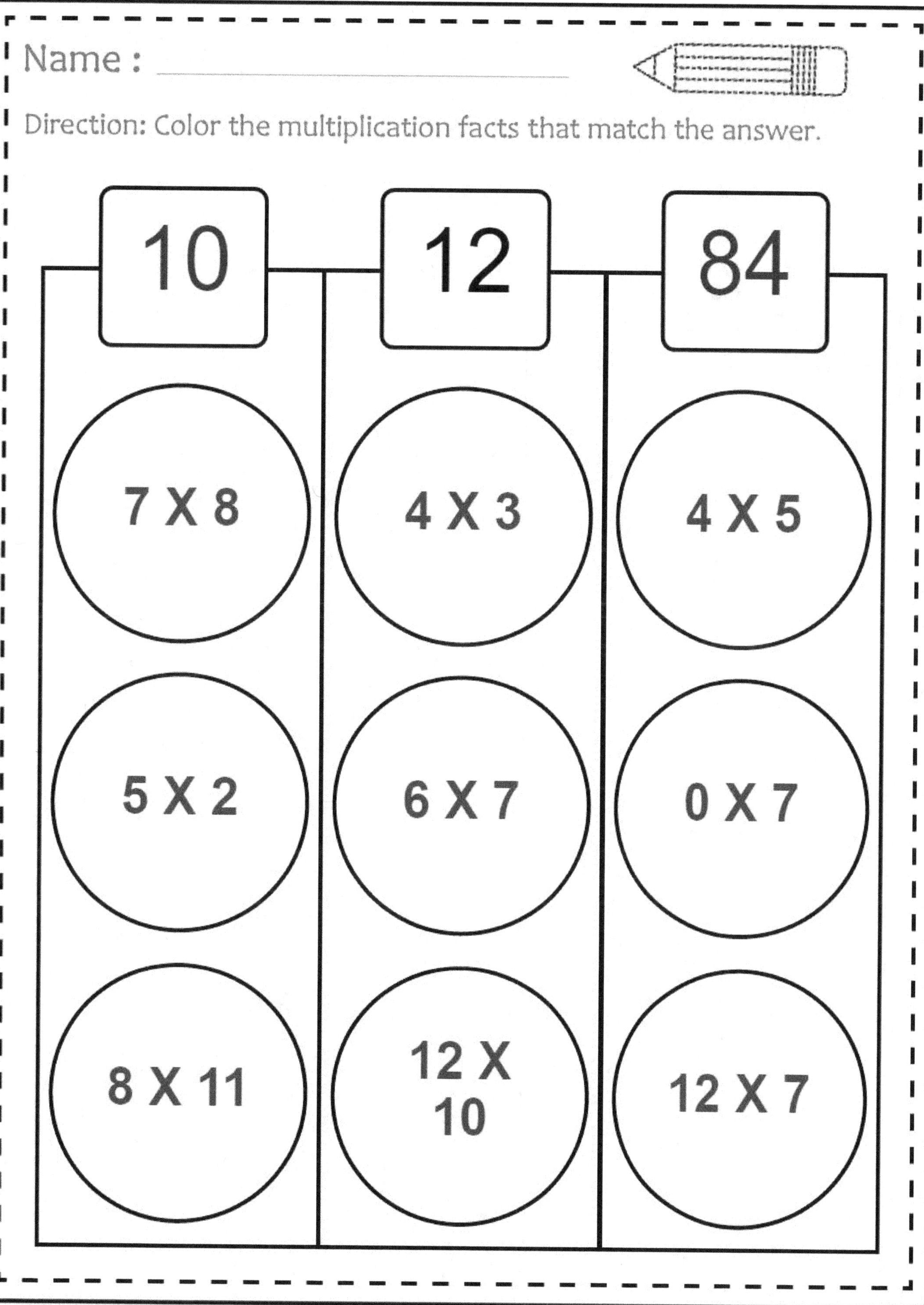

Multiplication Worksheets

1×4	6×4	12×0
1×2	1×4	8×6
7×4	12×1	3×1

Direction: Finding the product of multiplication problems

Direction: Fill in the product.

$1 \times 3 = \boxed{}$ $9 \times 6 = \boxed{}$

$0 \times 2 = \boxed{}$ $7 \times 12 = \boxed{}$

$12 \times 3 = \boxed{}$ $10 \times 3 = \boxed{}$

$2 \times 5 = \boxed{}$ $1 \times 5 = \boxed{}$

$1 \times 9 = \boxed{}$ $1 \times 5 = \boxed{}$

$10 \times 7 = \boxed{}$ $5 \times 12 = \boxed{}$

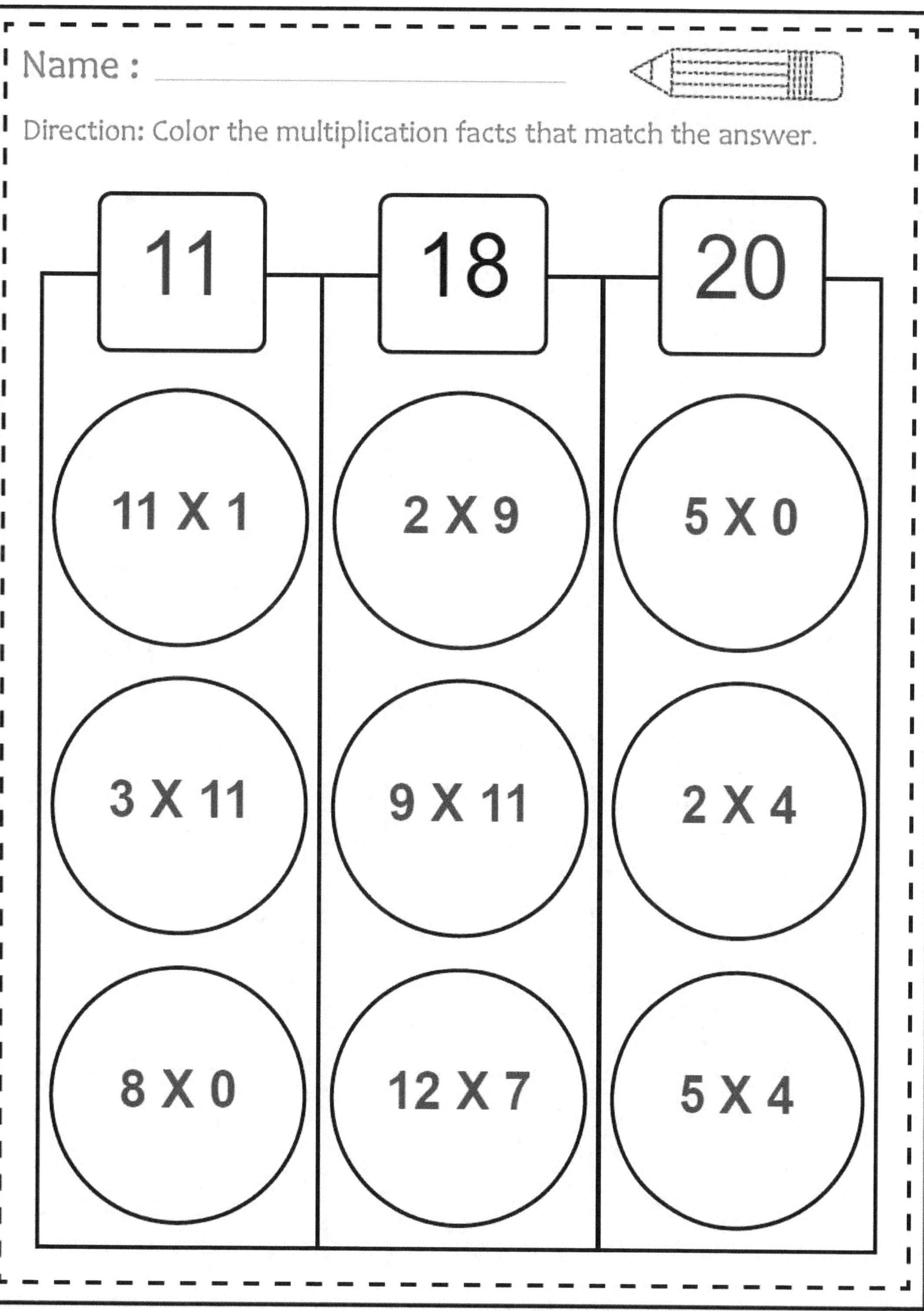

Name :
Direction: Color the multiplication facts that match the answer.
11
18
20
11 X 1
2 X 9
5 X 0
3 X 11
9 X 11
2 X 4
8 X 0
12 X 7
5 X 4

Multiplication Worksheets

10 × 0	4 × 12	11 × 1
3 × 4	3 × 11	5 × 12
7 × 9	12 × 9	1 × 12

Name :
Direction: Finding the product of multiplication problems

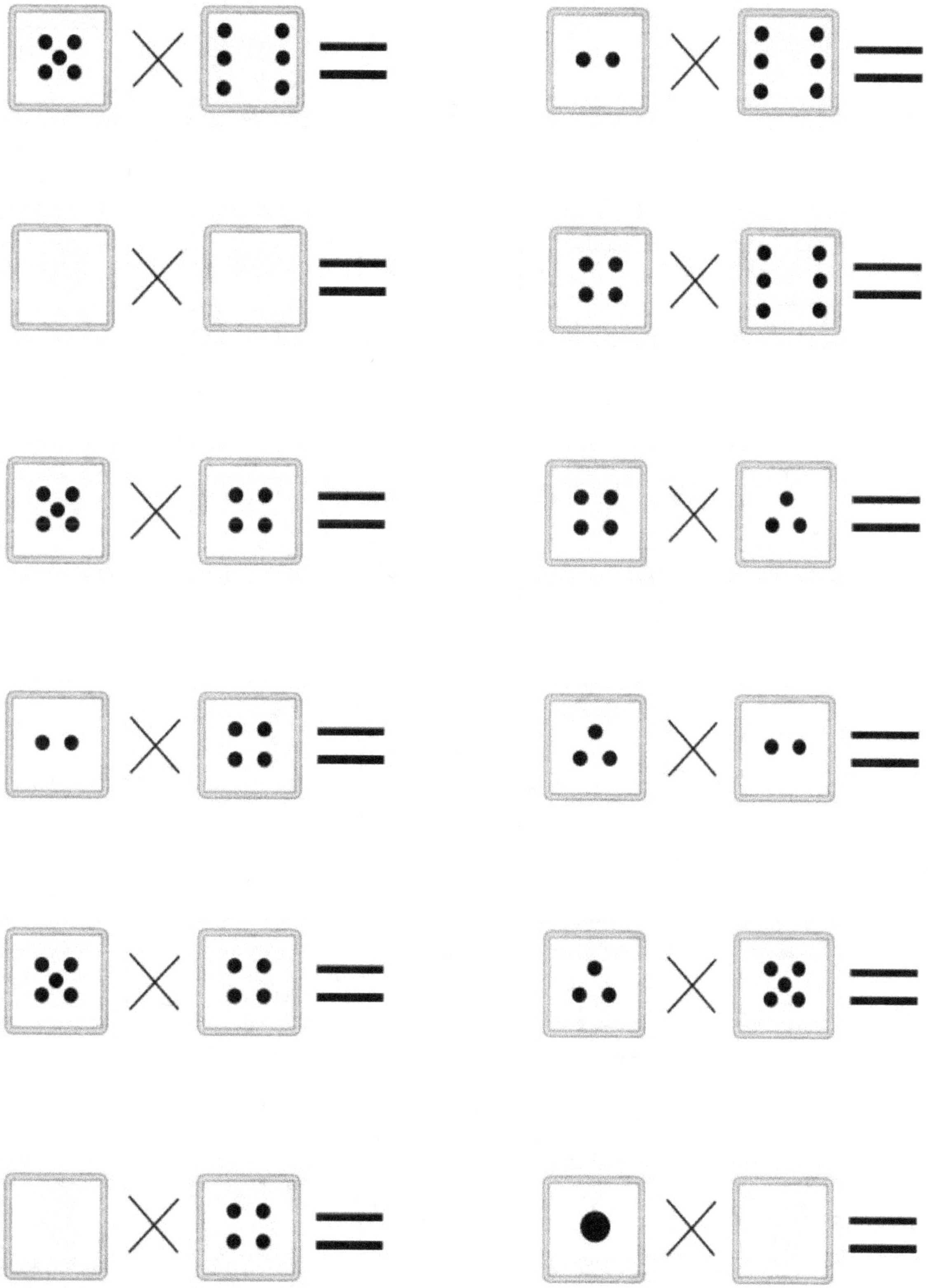

Name : _______________________

Direction: Fill in the product.

11 x 5 = ☐   6 x 11 = ☐

2 x 10 = ☐   9 x 2 = ☐

2 x 8 = ☐   6 x 6 = ☐

10 x 5 = ☐   4 x 5 = ☐

6 x 10 = ☐   7 x 3 = ☐

5 x 4 = ☐   10 x 0 = ☐

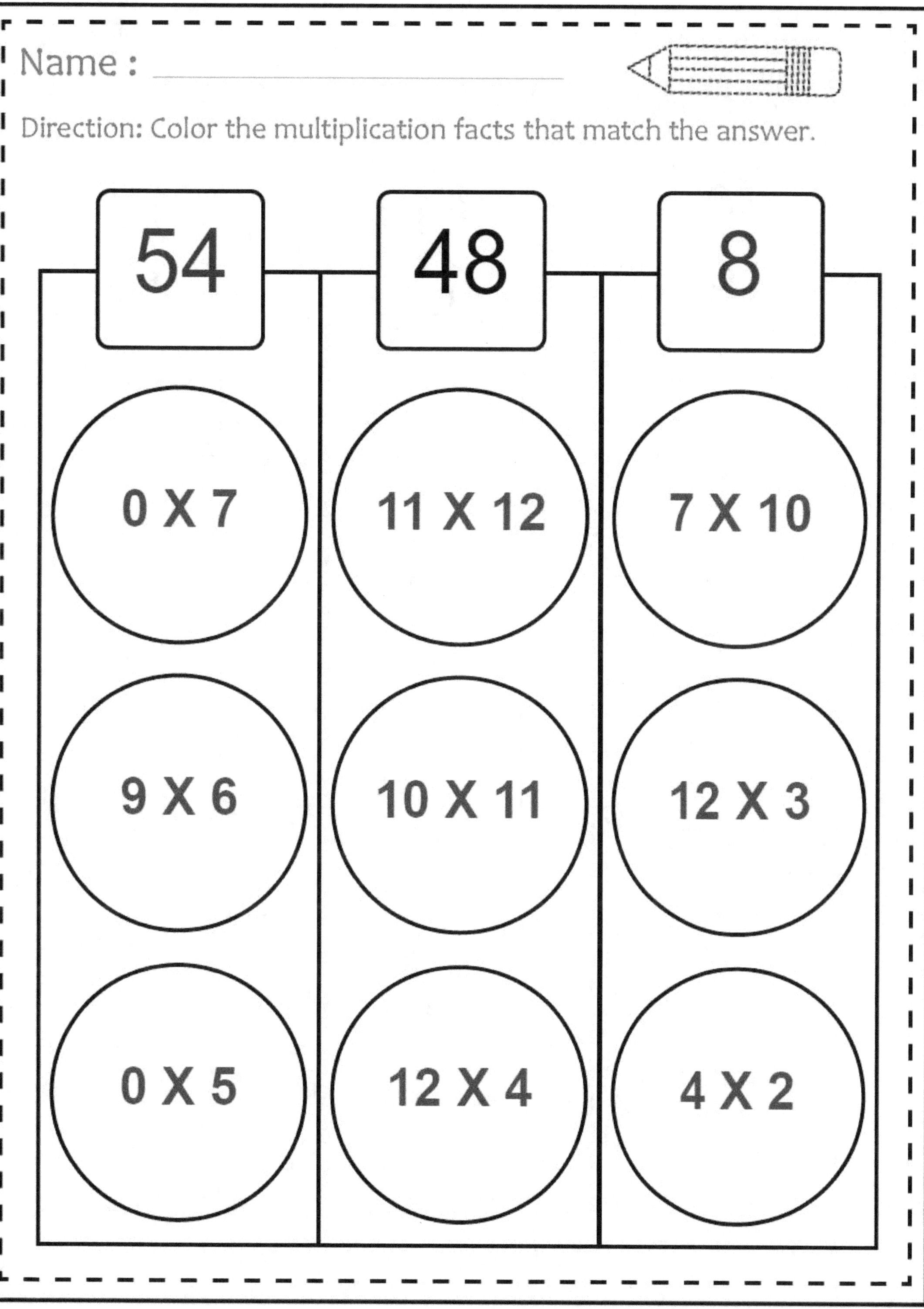

Name : _______________

Direction: Color the multiplication facts that match the answer.

54
48
8

0 X 7
11 X 12
7 X 10

9 X 6
10 X 11
12 X 3

0 X 5
12 X 4
4 X 2

Multiplication Worksheets

0	11	10
x 9	x 11	x 5

3	0	6
x 5	x 10	x 9

3	4	1
x 1	x 5	x 0

Name : ____________

Direction: Finding the product of multiplication problems

Name : _______________________

Direction: Fill in the product.

5 x 12 = ☐   4 x 12 = ☐

9 x 8 = ☐   3 x 2 = ☐

9 x 8 = ☐   9 x 9 = ☐

10 x 12 = ☐   9 x 11 = ☐

9 x 2 = ☐   10 x 3 = ☐

7 x 2 = ☐   4 x 8 = ☐

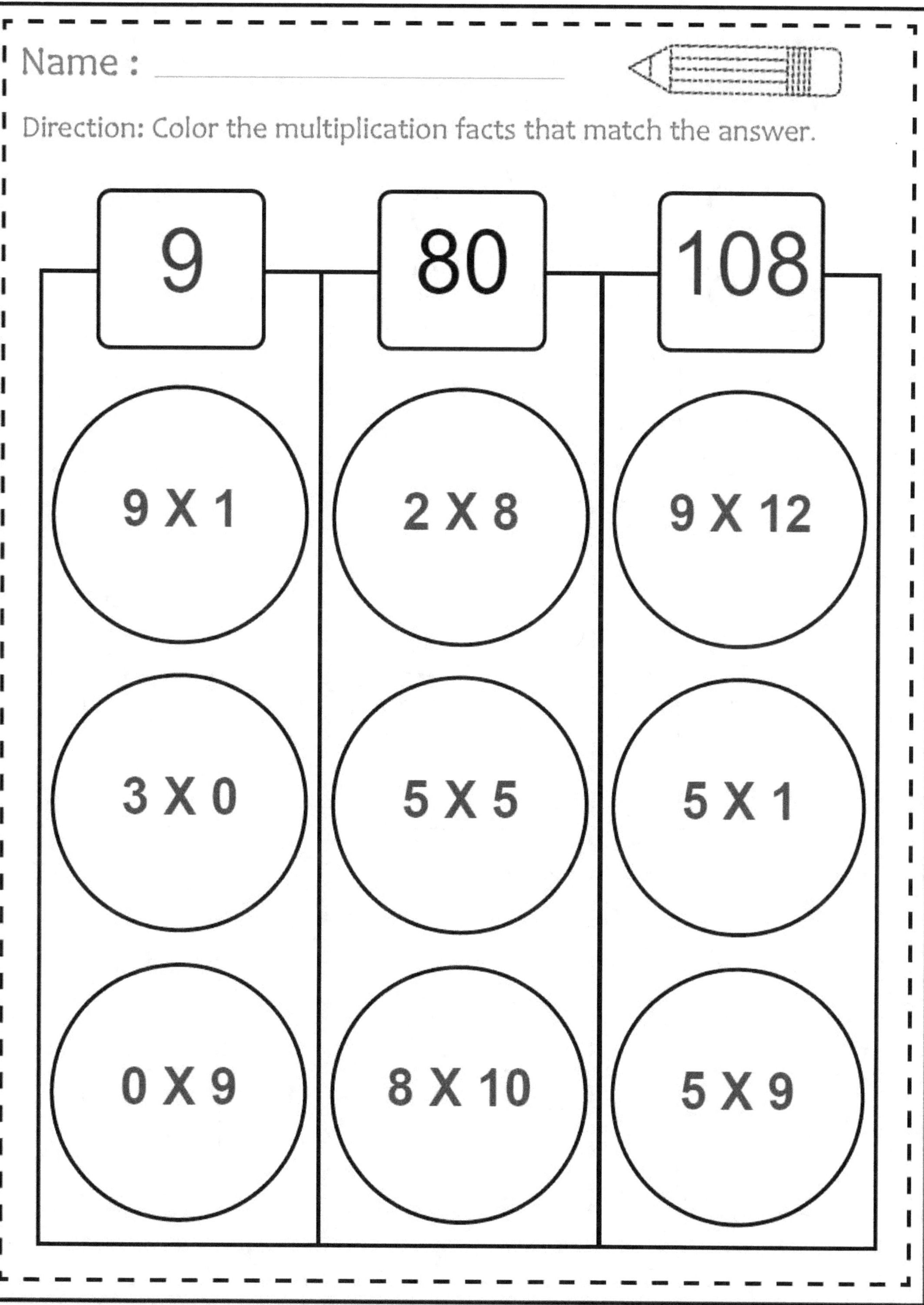

Name :
Direction: Color the multiplication facts that match the answer.
9
80
108
9 X 1
2 X 8
9 X 12
3 X 0
5 X 5
5 X 1
0 X 9
8 X 10
5 X 9

Multiplication Worksheets

9 × 6	3 × 0	12 × 0
1 × 11	0 × 2	8 × 2
4 × 2	1 × 10	11 × 1

Name :
Direction: Finding the product of multiplication problems

Direction: Fill in the product.

$$11 \times 6 = \boxed{} \qquad 10 \times 10 = \boxed{}$$

$$12 \times 2 = \boxed{} \qquad 11 \times 9 = \boxed{}$$

$$10 \times 4 = \boxed{} \qquad 5 \times 2 = \boxed{}$$

$$4 \times 10 = \boxed{} \qquad 9 \times 4 = \boxed{}$$

$$10 \times 11 = \boxed{} \qquad 1 \times 10 = \boxed{}$$

$$12 \times 9 = \boxed{} \qquad 4 \times 2 = \boxed{}$$

Name : ________________

12	44	20
8 X 4	11 X 4	0 X 11
3 X 4	2 X 9	10 X 2
12 X 0	10 X 4	5 X 3

Multiplication Worksheets

4 × 10	3 × 12	9 × 11
9 × 11	2 × 7	4 × 6
12 × 6	11 × 9	4 × 7

Name : _______________________________

Direction: Finding the product of multiplication problems

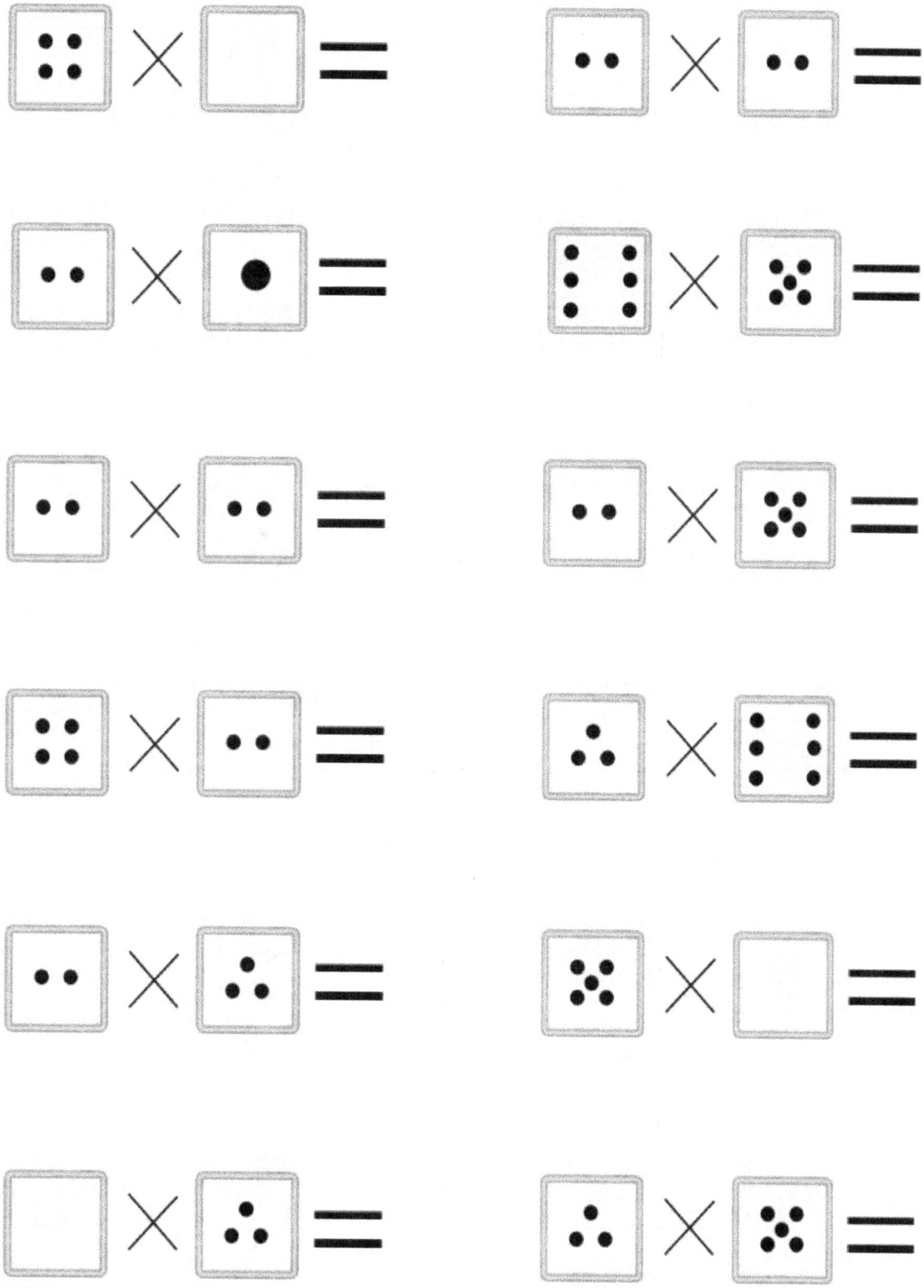

Direction: Fill in the product.

4 X 10 = ☐   1 X 3 = ☐

10 X 8 = ☐   9 X 5 = ☐

6 X 0 = ☐   7 X 2 = ☐

9 X 7 = ☐   0 X 1 = ☐

1 X 5 = ☐   4 X 1 = ☐

10 X 11 = ☐   1 X 3 = ☐

Name :
Direction: Color the multiplication facts that match the answer.
36
132
66
1 X 12
2 X 4
1 X 4
12 X 3
0 X 2
6 X 11
5 X 8
11 X 12
11 X 10

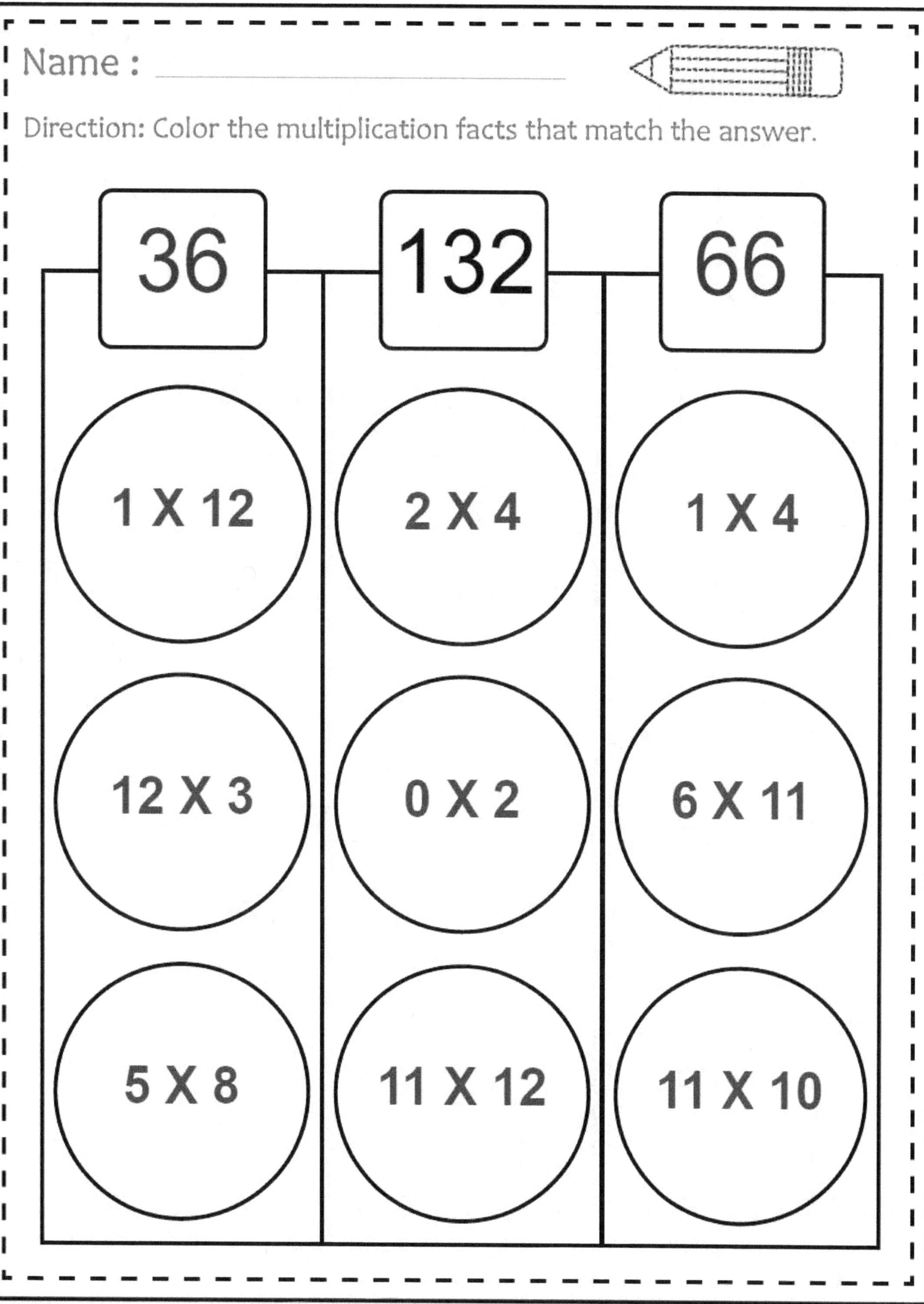

Multiplication Worksheets

1 × 2	5 × 1	5 × 2
11 × 4	10 × 11	0 × 7
7 × 12	8 × 2	7 × 3

Math Made Easy....

Name : _______________

Direction: Finding the product of multiplication problems

Direction: Fill in the product.

11 x 1 = ☐   8 x 8 = ☐

4 x 3 = ☐   4 x 11 = ☐

1 x 7 = ☐   8 x 2 = ☐

7 x 11 = ☐   10 x 9 = ☐

2 x 2 = ☐   12 x 2 = ☐

2 x 9 = ☐   4 x 6 = ☐

Name :
Direction: Color the multiplication facts that match the answer.
99
45
77
11 X 9
9 X 5
4 X 11
4 X 7
2 X 5
11 X 10
9 X 7
4 X 1
11 X 7

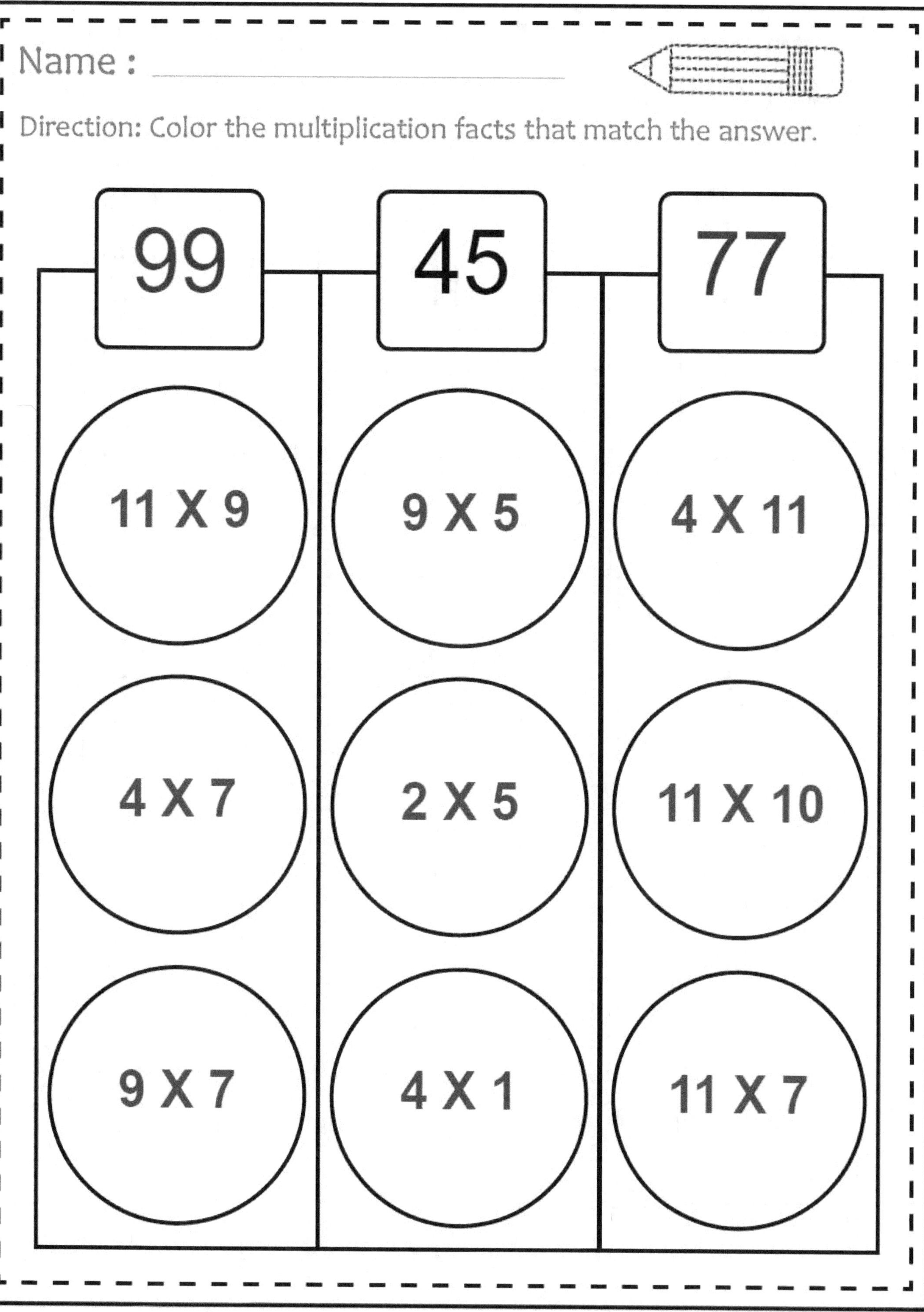

Multiplication Worksheets

7 × 7	3 × 12	10 × 6
3 × 2	6 × 9	3 × 6
6 × 2	5 × 3	4 × 3

Name : ______________________

Direction: Finding the product of multiplication problems

Name : ___________________

Direction: Fill in the product.

4 x 0 = ☐   5 x 9 = ☐

3 x 2 = ☐   6 x 5 = ☐

9 x 5 = ☐   3 x 11 = ☐

2 x 7 = ☐   6 x 12 = ☐

6 x 11 = ☐   2 x 9 = ☐

0 x 0 = ☐   7 x 0 = ☐

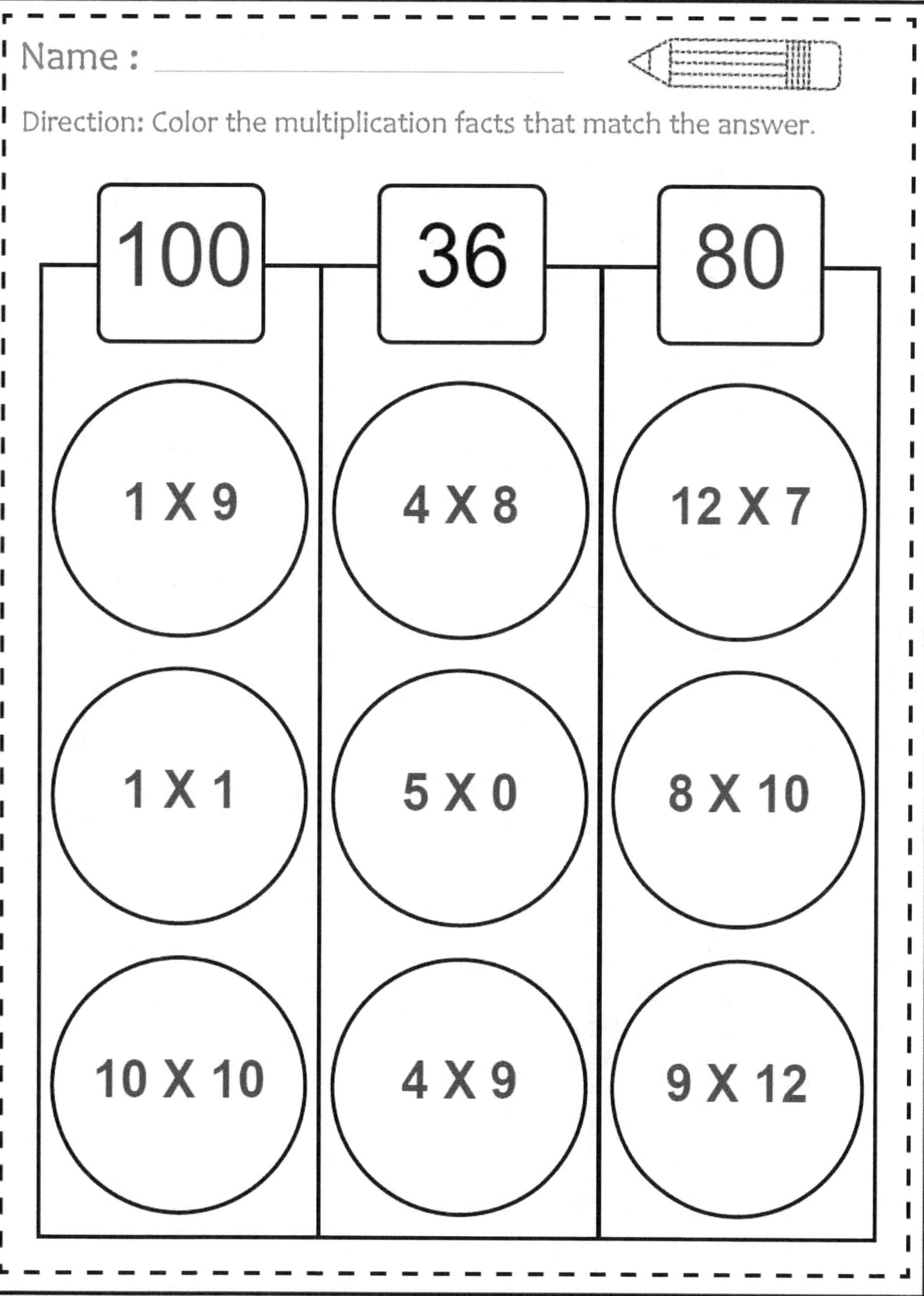

Name :
Direction: Color the multiplication facts that match the answer.
100
36
80
1 X 9
4 X 8
12 X 7
1 X 1
5 X 0
8 X 10
10 X 10
4 X 9
9 X 12

Name : _______________

Multiplication Worksheets

7 x 9	1 x 1	3 x 0
5 x 1	11 x 11	11 x 9
4 x 3	9 x 12	9 x 12

Math Made Easy....

Name : _______________________________

Direction: Finding the product of multiplication problems

Name : _______________________

Direction: Fill in the product.

7 x 2 = ⬚   4 x 12 = ⬚

0 x 0 = ⬚   0 x 2 = ⬚

11 x 2 = ⬚   5 x 0 = ⬚

7 x 2 = ⬚   12 x 11 = ⬚

2 x 7 = ⬚   6 x 6 = ⬚

8 x 4 = ⬚   3 x 9 = ⬚

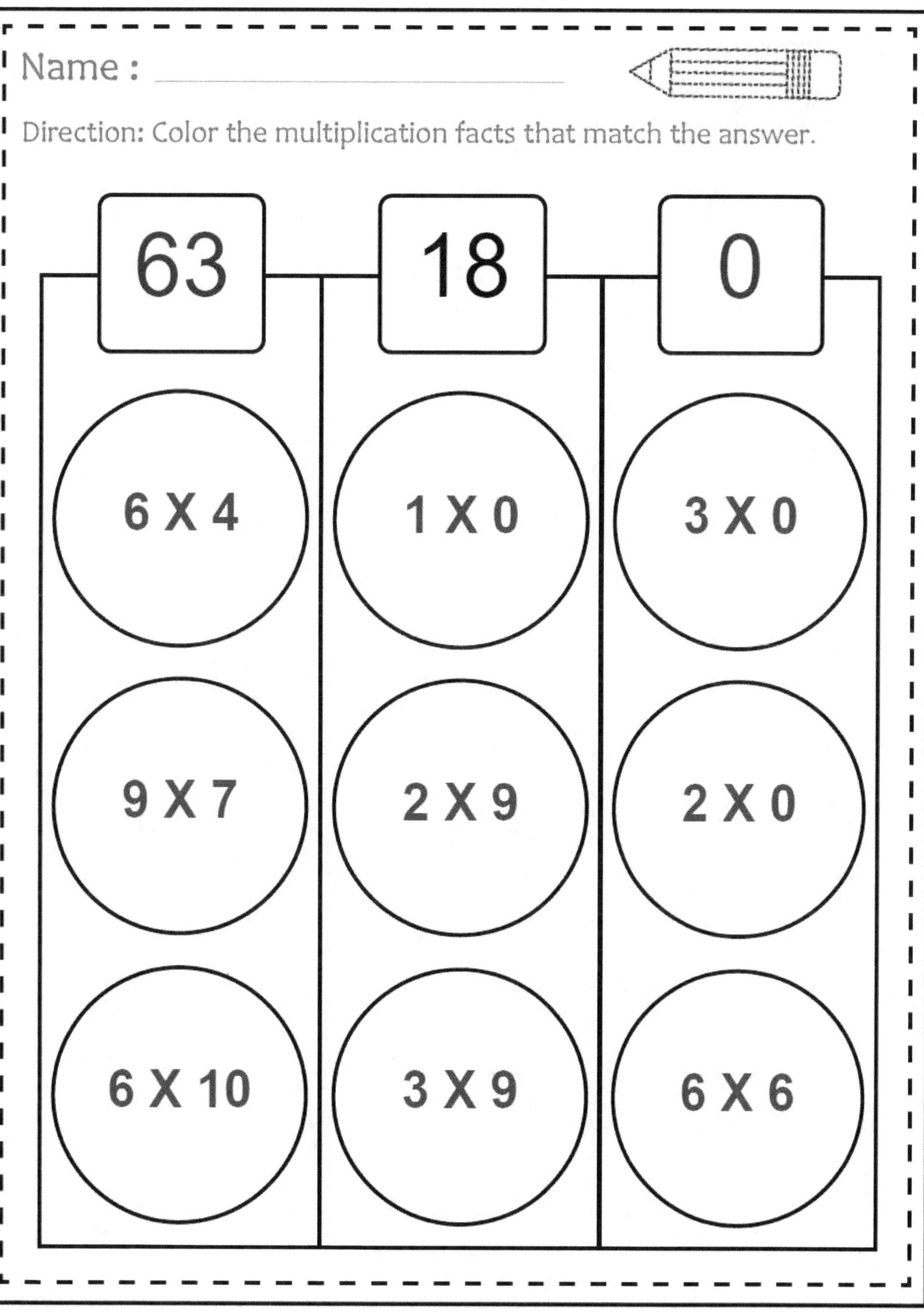

Name :
Direction: Color the multiplication facts that match the answer.
63
18
0
6 X 4
1 X 0
3 X 0
9 X 7
2 X 9
2 X 0
6 X 10
3 X 9
6 X 6

Multiplication Worksheets

9 × 0	7 × 12	10 × 9
8 × 1	10 × 8	2 × 8
10 × 12	0 × 9	0 × 0

Name : _______________________________

Direction: Finding the product of multiplication problems

$5 \times 0 = \boxed{}$ $\quad$ $8 \times 4 = \boxed{}$

$5 \times 0 = \boxed{}$ $\quad$ $2 \times 11 = \boxed{}$

$3 \times 12 = \boxed{}$ $\quad$ $12 \times 6 = \boxed{}$

$10 \times 10 = \boxed{}$ $\quad$ $0 \times 0 = \boxed{}$

$11 \times 8 = \boxed{}$ $\quad$ $4 \times 10 = \boxed{}$

$11 \times 12 = \boxed{}$ $\quad$ $4 \times 2 = \boxed{}$

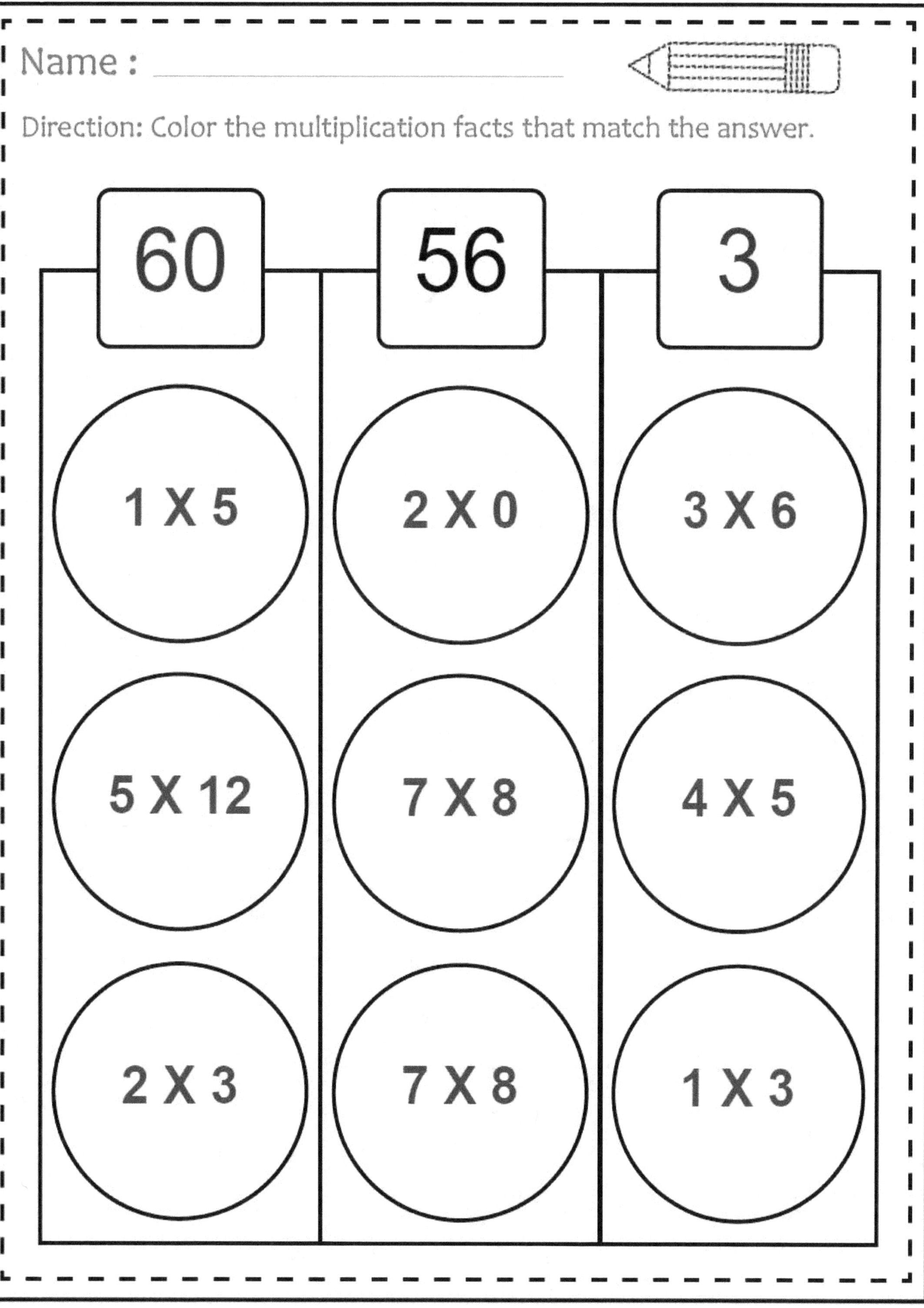

Name :
Direction: Color the multiplication facts that match the answer.
60
56
3
1 X 5
2 X 0
3 X 6
5 X 12
7 X 8
4 X 5
2 X 3
7 X 8
1 X 3

Name : _______________

Multiplication Worksheets

3 X 0	10 X 6	9 X 4
9 X 4	9 X 3	5 X 5
3 X 1	9 X 8	9 X 10

Direction: Finding the product of multiplication problems

Name : _______________

Direction: Fill in the product.

3 X 11 = ☐   9 X 5 = ☐

0 X 5 = ☐   8 X 4 = ☐

0 X 8 = ☐   5 X 2 = ☐

10 X 11 = ☐   6 X 12 = ☐

9 X 8 = ☐   3 X 9 = ☐

10 X 4 = ☐   3 X 11 = ☐

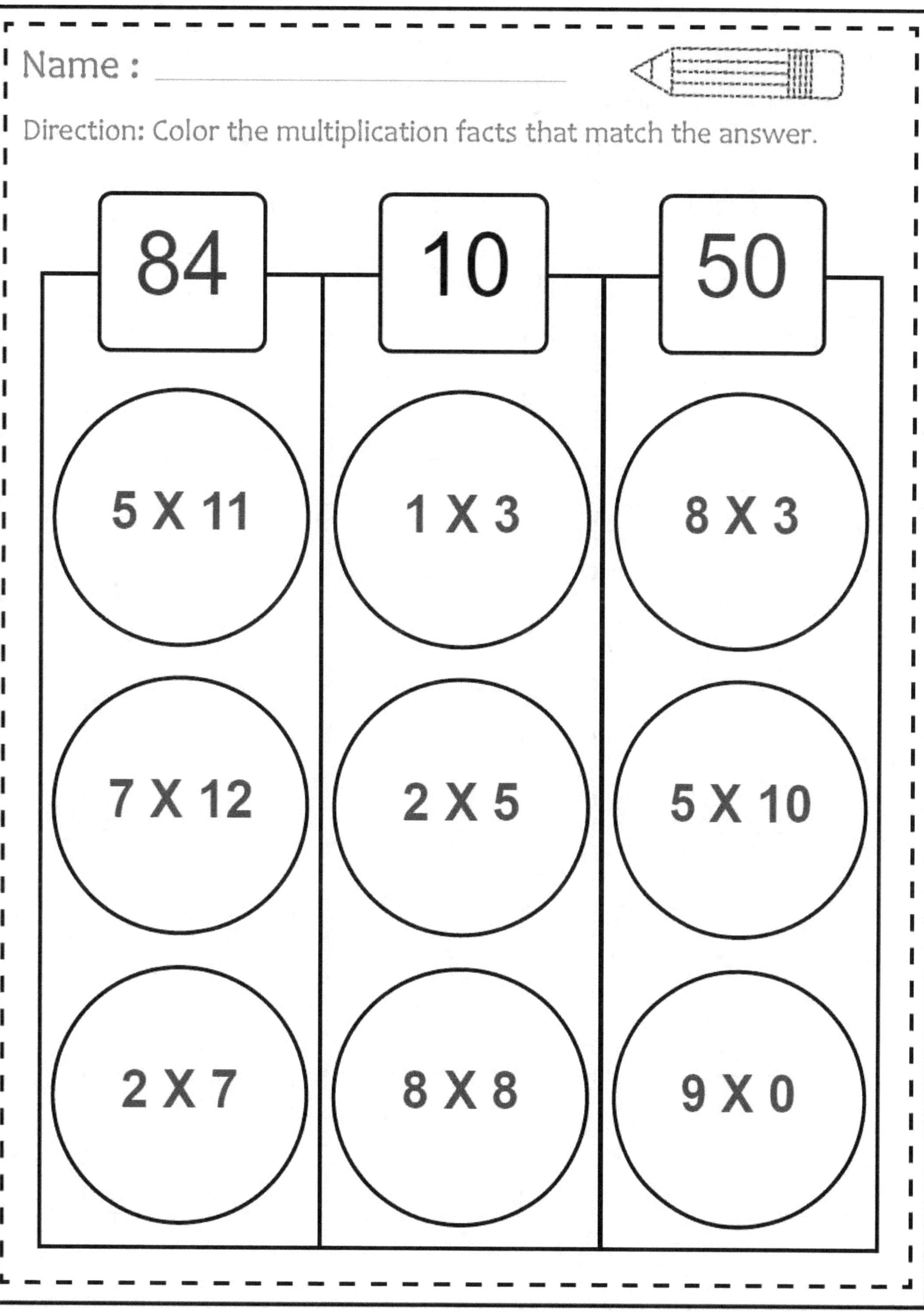

Name :
Direction: Color the multiplication facts that match the answer.
84
10
50
5 X 11
1 X 3
8 X 3
7 X 12
2 X 5
5 X 10
2 X 7
8 X 8
9 X 0

Multiplication Worksheets

12	5	8
X 0	X 3	X 9

3	4	1
X 10	X 11	X 5

8	11	12
X 2	X 11	X 11

Math Made Easy....

Name : ________________________

Direction: Finding the product of multiplication problems

Name : ___________________ 

Direction: Fill in the product.

12 x 0 = ☐   9 x 2 = ☐

4 x 3 = ☐   1 x 10 = ☐

0 x 9 = ☐   7 x 12 = ☐

0 x 10 = ☐   3 x 12 = ☐

1 x 4 = ☐   7 x 10 = ☐

11 x 0 = ☐   8 x 2 = ☐

Name : _______________

Direction: Color the multiplication facts that match the answer.

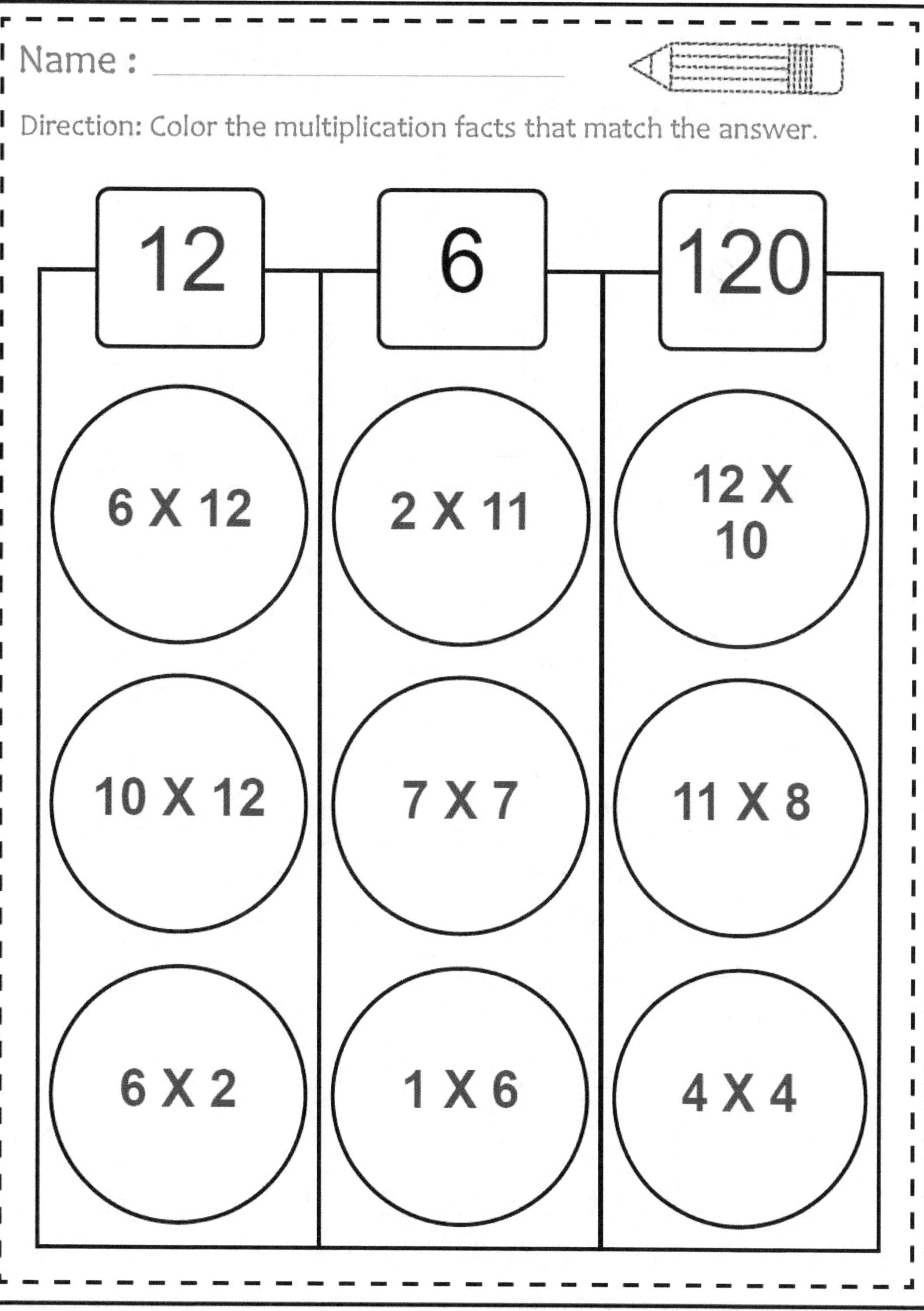

Name : __________

Multiplication Worksheets

10 × 3	9 × 5	3 × 0
8 × 11	11 × 8	6 × 9
12 × 10	9 × 7	3 × 7

Math Made Easy....

Name : ______________________

Direction: Finding the product of multiplication problems

Direction: Fill in the product.

0 x 0 = ☐   12 x 12 = ☐

4 x 3 = ☐   8 x 8 = ☐

2 x 11 = ☐   6 x 8 = ☐

4 x 4 = ☐   2 x 9 = ☐

11 x 4 = ☐   11 x 2 = ☐

12 x 11 = ☐   0 x 12 = ☐

www.ingramcontent.com/pod-product-compliance
Lightning Source LLC
Chambersburg PA
CBHW080842160726
47999CB00009B/2980